全国高等中医药教育配套教材

供中医学、针灸推拿学、中西医临床医学、护理学、康复治疗学等专业用

生理学实验

第3版

中醫

主　编　郭　健　杜　联

副主编　周乐全　尤行宏　李　育　韩　曼

编　委 （以姓氏笔画为序）

王冰梅（长春中医药大学）　　李白雪（成都中医药大学）

王红伟（河南中医药大学）　　明海霞（甘肃中医药大学）

尤行宏（湖北中医药大学）　　周乐全（广州中医药大学）

方　燕（浙江中医药大学）　　赵焕新（山西中医药大学）

甘贤兵（安徽中医药大学）　　施文荣（福建中医药大学）

包怡敏（上海中医药大学）　　郭　健（北京中医药大学）

伍庆华（江西中医药大学）　　彭　芳（贵州中医药大学）

伍冠一（广西中医药大学）　　蒋淑君（滨州医学院）

刘慧敏（山东中医药大学）　　韩　曼（陕西中医药大学）

汝　晶（云南中医药大学）　　程　薇（北京中医药大学）

杜　联（成都中医药大学）　　曾　辉（湖南中医药大学）

李　育（南京中医药大学）　　谭俊珍（天津中医药大学）

李　韶（大连医科大学）　　　薛明明（内蒙古医科大学）

秘　书　陈俞材（北京中医药大学）

人民卫生出版社

·北京·

图书在版编目（CIP）数据

生理学实验 / 郭健，杜联主编 . —3 版 . —北京：
人民卫生出版社，2022.7

ISBN 978-7-117-33305-4

Ⅰ. ①生… Ⅱ. ①郭… ②杜… Ⅲ. ①生理学 - 实验
- 医学院校 - 教材　Ⅳ. ①Q4-33

中国版本图书馆 CIP 数据核字（2022）第 110331 号

人卫智网　**www.ipmph.com**	医学教育、学术、考试、健康，	
	购书智慧智能综合服务平台	
人卫官网　**www.pmph.com**	人卫官方资讯发布平台	

生理学实验
Shenglixue Shiyan
第 3 版

主　　编：郭　健　杜　联

出版发行：人民卫生出版社（中继线 010-59780011）

地　　址：北京市朝阳区潘家园南里 19 号

邮　　编：100021

E - mail：pmph @ pmph.com

购书热线：010-59787592　010-59787584　010-65264830

印　　刷：三河市国英印务有限公司

经　　销：新华书店

开　　本：787 × 1092　1/16　印张：6

字　　数：150 千字

版　　次：2005 年 9 月第 1 版　　2022 年 7 月第 3 版

印　　次：2022 年 8 月第 1 次印刷

标准书号：ISBN 978-7-117-33305-4

定　　价：40.00 元

打击盗版举报电话：**010-59787491**　E-mail：**WQ @ pmph.com**

质量问题联系电话：**010-59787234**　E-mail：**zhiliang @ pmph.com**

数字融合服务电话：**4001118166**　E-mail：**zengzhi @ pmph.com**

◇◇ 前　言 ◇◇

为了适应深化教育改革和发展高等中医药教育的需求,按照全国高等中医药院校的培养目标,我们在全国高等中医药教育教材建设指导委员会和人民卫生出版社的组织下修订了本教材。

在本次教材修订过程中,我们首先坚持"三基五性",并充分发挥中医院校生理学实验教材的特色,将中医药相关知识纳入本教材中,以培养学生中西医融合的思维模式,为学生今后从事科研和临床奠定基础。

本版教材在第2版的基础上删除了部分过时的实验,补充了部分综合实验。书中首先介绍生理学实验基础,包括开设实验的目的、常用的实验仪器和器械、实验动物的选择、常用生理溶液的配制,以及实验操作基本技术、实验设计的原则和数据分析等内容,让学生熟悉基本的实验过程,以期在后续实验过程中能用求实的科学态度、细致的观察能力和严谨的逻辑推理对实验现象进行分析。并强调了动物实验的3R原则,培养学生敬畏生命、感恩实验动物的情感。其次按照细胞、血液、循环、呼吸、消化、泌尿、神经和内分泌系统的顺序编排各章实验。最后补充了具有中医药特色的综合实验,以期提高学生探究中西医知识融合的兴趣,培养学生解决问题的能力。

本教材由长期从事生理学理论和实验教学的一线教师编写而成,适用于中医学、针灸推拿学、中西医临床医学、护理学、康复治疗学等五年制和长学制学生。在编写过程中,我们力求以提高学生分析问题、解决问题的能力为宗旨,加强学生动手能力和思维能力的培养。但由于水平和时间的限制,不足之处在所难免,恳请读者在使用过程中及时反馈意见,以便逐步完善教材内容。

编者
2022 年 4 月

◇◇◇ 目 录 ◇◇◇

第一章

生理学实验基础

生理学是生物学的一个分支，是一门实验科学。纵观生理学发展史，众多生理学家对生理学理论的发展所做出的里程碑式贡献，均无一例外地是科学实验研究的成果。可见，科学实验是生理学的精髓和发展的源泉。因而，在生理学教学活动中，除生理学理论课教学外，生理学实验课是必不可少的一个重要组成部分。

第一节　生理学实验的目的和要求

一、生理学实验的目的

生理学是一门重要的医学基础课，生理学实验是医学生最早系统接受科学实验的课程之一。因此通过生理学实验课的教学，可使学生得到多方面的训练和培养。

（一）提高理论联系实际的能力

生理学实验项目均依据生理学的基本理论而设置。学生通过生理学实验的具体实践，可对一些基本的生理学理论进行验证，借此提高理论联系实际的能力。

（二）科学素质的培养

通过对学生严格的要求和引导，启迪学生独立思考、敢于创新的精神，有助于提高学生分析问题和解决问题的能力，有助于培养学生科学的思维方法和严谨求实的科学工作态度。

（三）科学研究能力的初步培养

生理学实验课将对学生进行一系列科学研究的初步训练和培养，其中包括实验仪器设备和手术器械的使用，动物实验的具体操作和观察，实验结果的总结（整理、归纳和统计）和分析，实验报告和实验论文的撰写等，可提高学生有关生理实验基本技能的能力。

此外，学生通过生理学实验课的学习，初步掌握和熟悉了常用实验仪器的使用方法、基本的实验技能，为后继课程（如药理学、病理生理学）的学习，乃至未来的临床和科学研究工作奠定良好的基础。

二、生理学实验课的要求

为达到生理学实验课的目的，获得生理学实验的预期效果，对学生提出如下具体要求。

（一）实验前

首先要系统复习本次实验项目的相关理论，认真阅读生理学实验指导，熟悉实验目的和原理、实验用品与器材、实验方法与实验过程。特别要记取实验指导中的注意事项，注意其中关系到实验成败的关键条件及影响因素。

（二）实验中

1. 自觉遵守实验室各项规章制度　保持实验室的整洁、安静，态度严肃认真，不要大声喧哗和嬉笑。听从实验教师的指导，不得进行与实验无关的活动，未经教师允许不得随意触摸实验室内的仪器设备，特别是电器设备、玻璃器皿和手术器械等，以确保安全。

2. 认真听取实验教师的讲解和示范操作　以实验预习为基础，带着问题听取实验教师的介绍，仔细观察示教操作的演示，获得感性认识。

3. 严格按照实验指导中的实验程序和具体要求进行实验　实验指导中规定的实验步骤和每一项操作的具体要求是既往工作的总结，应严格执行。这样既可保证实验顺利进行，也有利于学习规范的操作技术和实验方法。

（1）及时记录实验结果：实验过程中的每一实验现象、变化和结果，都具有时效性，因此必须随时记录实验结果。同时要做好时间标记，避免实验后追忆和追记，养成及时记录实验结果的良好习惯。这也是实事求是科学作风的一种基础训练。

（2）积极参与实验、发扬团结协作精神：要珍惜实验动手操作的机会，不作旁观者。大型实验时，要发扬团队精神，既有明确分工、各尽其责，又要互相帮助，使实验有序地进行。

（3）爱护实验动物和实验用品：遵循 3R 原则设计实验，即替代、减少和优化，善待、感恩实验动物。动物实验过程中切忌手术动作粗暴，否则容易损伤血管和重要组织，导致实验失败。实验仪器设备要按操作规则进行，正确使用手术器械，养成动作规范、手法轻巧的良好习惯。

（三）实验后

1. 整理与清洁工作
（1）实验结束后，要进行实验仪器设备检查和基础状态还原过程。
（2）手术器械和玻璃器皿的清洗与擦拭。
（3）对实验台、周围环境进行擦拭与清扫。

2. 动物处置　急性实验后，动物要处死，并严格按照有关规定送到指定地点，集中消毒焚烧。

3. 整理数据和资料　对实验中的数据资料进行归纳和初步分析，对难以解释的"非预期结果"可进行小组讨论，找出可能的原因。

4. 撰写实验报告或实验论文，按时呈交指导教师评阅。

第二节　常用实验仪器和实验器械

随着科学实验仪器的研发和生物信号检测技术的不断进展，生理学实验的记录手段得到了迅速的发展，生物信号采集处理器因一机多用，成为生理学实验中最常用的仪器。

一、生物信号的刺激

刺激系统是生理学实验中必备的实验装置之一，它由电子刺激器、刺激隔离器和刺激电极 3 个部分组成。

（一）电子刺激器

刺激与反应是机体组织兴奋性观察的两个重要指标。刺激的种类很多，包括物理刺激

（如电刺激、机械刺激、声音刺激、光线刺激、温度刺激等）、化学刺激和生物刺激等。在电生理学实验中，电刺激是一种常用的刺激方式，特别是在神经、肌肉的实验中尤为重要。通过电刺激组织，观察机体组织的生物电和功能活动的改变。采用电子刺激器进行电刺激，可根据需要随意选定刺激方式（方波或双向尖波）、刺激频率和刺激强度。

电子刺激器是为机体和组织提供电刺激的仪器装置，有恒压输出和恒流输出两种。在生理学实验中，一般采用恒压刺激器。电子刺激器的刺激波形可分为方波（矩形波）、三角波、锯齿波、正弦波等多种（图1-1），其中以方波应用最广。通过计算机控制刺激器，采用鼠标点击来设置刺激方式和参数。

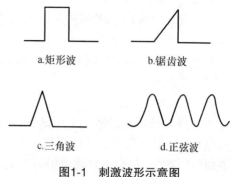

图1-1　刺激波形示意图

1. 刺激器的使用方法

（1）连接刺激系统：按电源线 - 电子刺激器 - 刺激隔离器 - 刺激电极 - 实验动物的顺序连接好刺激系统。若不用刺激隔离器，则将刺激器的输出端作为输出。

（2）选取刺激形式：如"单个"或"连续"。

（3）设定刺激参数：刺激强度和刺激频率的选择应由小到大，增量适当，不可过大。否则将会影响阈刺激的捕捉，甚至会导致过强的刺激输出损伤组织。

1）刺激强度：通常以刺激脉冲的电压幅度表示。

2）刺激波宽：选定一个脉冲的时程。

3）刺激频率：为连续刺激参数，单位为 Hz。其数字表示单位时间内所含主周期的个数。

4）脉冲延迟（图1-2）。

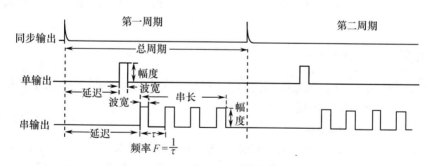

图1-2　电子刺激器方波刺激及参数设计示意图

2. 刺激方式　电子刺激器的方波输出刺激有单刺激、双刺激、串刺激和连续刺激等多种形式。

（1）单刺激：用单个脉冲进行刺激时，必须考虑刺激强度（方波高度）、刺激的持续时间（方波宽度）和刺激波形的上升速度（方波的上升时间）等刺激的三大要素。由于方波的上升时间在理论上为无限大，因此，通常只考虑刺激强度和刺激的持续时间。

（2）双刺激：在每个刺激周期（主周期）中包含 2 个刺激脉冲。

（3）串刺激：在每个刺激周期（主周期）中包含 2 个以上的刺激脉冲。在主周期的范围内,这些脉冲的个数和间隔是任意设定和可调的,脉冲的振幅相等。

（4）连续刺激:向组织输出一定强度、一定持续时间的连续脉冲。给定刺激时,需注意刺激脉冲的持续时间即方波波宽与刺激频率的关系。

（二）刺激隔离器

隔离电刺激的仪器称为刺激隔离器,其用途是消除地环干扰,避免伪迹和误差。由于刺激器输出的一端为地,因此在记录生物电时接通到组织的电刺激必须和地面进行隔离。若不进行隔离,会把交流电波或刺激伪迹带入记录系统,导致示波器荧光屏上的生物电波形完全被掩盖。

（三）刺激电极

刺激电极是刺激系统不可缺少的重要组成部分,选取适当的刺激电极并准确地放置刺激电极,对于提高实验的精度来说是必须的条件。刺激电极的种类很多,较为常用的有普通电极、保护电极和乏极化电极等。

1. **普通刺激电极** 是指采用普通金属（如不锈钢）制备的电极。普通金属宏电极具有制作容易、使用方便等特点,使用时需注意:①通常将电极的金属丝装嵌在有机玻璃套内,前端裸露少许金属丝。②普通金属宏电极常用于刺激离体组织,不适于刺激时间很长的慢性实验。因为在电流作用下,离子进入组织可产生毒性作用。

2. **保护电极** 是指将电极的金属丝包埋在绝缘套内,电极前端仅在一侧槽露出金属丝作用于组织。当实验需刺激深部组织时,采用保护电极,可避免刺激周围组织,以保证刺激的准确性。

3. **乏极化电极** 当采用直流电刺激组织时,需采用乏极化电极。因为当直流电通过组织时,金属电极与组织之间发生电解过程,产生与刺激电流相反的电动势。这种反电动势即形成了极化电流,对抗了原来的刺激电流,使刺激电流的强度衰减（失真）。刺激的时间越长,极化现象越显著,失真现象越严重。采用乏极化电极,则可避免极化现象,常用的乏极化电极有银 - 氯化银（Ag-AgCl）电极、甘汞电极（汞 - 氯化汞电极）、锌 - 硫酸锌（Zn-ZnSO₄）电极。

二、生物信号的引导

信号转换系统由信号引导电极和传感器（换能器）组成,其功能是拾取生物信号,进而把非电生物信号转换为生物电信号。

（一）测量和信号引导电极

1. **普通电极** 其电极尖端一般是毫米级的,而"微电极"尖端是微米级的,因此普通电极又称为"宏电极"。作为记录用的宏电极,又称为"记录电极"或"引导电极"。

2. **微电极** 根据制作材料不同,可分为金属微电极、碳丝微电极和玻璃微电极。

（二）传感器

传感器也称换能器,由敏感元件和转换元件组成,是一种能把机体生理活动的非电信号（如压力、张力、温度、振动、流量、声、光等物理信号,以及化学和生物信号等）转换成电信号的转换装置。

1. **传感器的分类** 传感器分为物理型、化学型和生物型3类。

（1）物理型传感器:是指利用物理性质制成的传感器,例如电阻式、电感式、压电式、光电式以及磁敏式传感器。

（2）化学型传感器：是指能把机体内某些化学成分、浓度等转换成与之有确定关系的电信号的传感器，例如离子感受器。

（3）生物型传感器：是指利用生物活性物质选择性识别和测定各种生物化学物质的传感器，例如酶传感器。

2. 生理学实验常用的传感器　有阻抗式、压电式、机械式、容积式、电磁式、热能式等。采用这些传感器，可用于生物体内血压、心音、脉搏、呼吸、血流和体温等指标的测定。

（1）压力传感器：机体内各器官系统很多腔隙和管道，存在着大小不等的压力信号，如血压、心室内压、胸膜腔内压、胃肠内压、颅内压、膀胱内压等，通过压力传感器可把这些压力信号转换成电信号并进一步放大，最后记录出来，以检测并了解机体内各器官和管道在不同条件下的动态变化过程，有助于研究体内各器官的顺应性、阻力以及各种体液的流速和流量。

（2）张力传感器：其作用是将张力信号转换成电信号。无论是整体条件下的肌肉收缩（如心肌、胃肠肌），还是离体条件下的肌肉收缩（如坐骨神经 - 腓肠肌标本，以及各种肌条），肌肉收缩张力的信号都可被张力传感器拾取并转换成电信号。随后经信号的放大、处理，最后由记录系统记录出肌肉收缩的振幅。因此张力传感器广泛用于肌肉收缩形式、影响肌肉收缩因素的研究。

三、生物信号的放大

大多数生物电信号的电位幅度很小，因此需要经过放大才能被生物信号采集系统测量到。将生物电信号放大的放大器通常要考虑频率响应、噪声水平和输入阻抗三个基本参数。这是保证所放大的生物信号清晰、真实的前提。实际测量时，要根据被测信号的性质选择合适的放大器。例如，使用微电极记录生物电信号时，首先应选择低噪声、高输入阻抗（大于 $1\,000\,M\Omega$）的放大器。另外，要根据需要放大信号的大小和性质，选择适当的灵敏度、时间常数和高频滤波。灵敏度应以生物信号采集系统能清晰分辨所测信号为准。时间常数是决定放大器低端频率的主要指标。通常测量快速交变信号时选择较小的时间常数，测量慢速交变信号时选择较大的时间常数。高频滤波（低通滤波）可将所检测的生物电信号中不需要的高频成分或噪声滤掉。这样可使所测信号的主要频率成分能够得到很好的放大，提高了仪器的分辨率。通常，高频滤波的选择应是输入信号高频端的2倍左右。

四、生物信号的记录

由于生物信号被转换成数字信号输入计算机，所以生物信号采集与处理系统对信号的处理都是以数字方式由计算机进行的。计算机的存储器能够使数据随时输出、显示或计算，使得被测信号能容易地进行多次处理、显示和比较。因此，与传统的信号处理方式相比，基于计算机的生物信号采集与处理系统的数据处理更迅速、精确、灵活。常用的生物信号处理方法有：微分和积分、叠加和平均以及频谱分析。

此外，干扰是生物信号采集和记录过程中经常遇到的问题。轻者可使被测信号畸形，重者可导致实验无法正常进行，因此消除干扰是电生理实验中非常重要的工作之一。干扰的种类很多，排除干扰的原则是找出干扰源，采取相应的措施加以阻断。电磁干扰是电生理实验中最常见的干扰之一，最好的解决办法是采用金属屏蔽。其次，测量仪器良好的接地和采取合适的滤波也是解决电磁干扰的有效方法。

五、生物信号采集处理系统

生物信号采集处理系统就是集生物信号的放大、处理、分析、储存、显示和记录于一体的生物信号实时记录分析系统,它可全面取代生物医学实验中的刺激器、放大器、示波器等传统仪器。

(一)生物信号采集处理系统的组成和基本工作原理

生物信号采集处理系统由硬件和软件两大部分组成。硬件的工作是对各种生物电信号和非电信号进行拾取和放大,进而对信号进行 A/D 转换后输入计算机。软件的工作是对系统各部分进行控制和对已经数字化了的生物信号进行处理、分析、储存、显示及打印输出。

(二)生物信号采集处理系统的基本操作

1. 实验的一般操作流程 操作流程如图 1-3 所示。

(1)启动系统:以鼠标左键双击视窗桌面上的生物信号采集处理系统的图标,进入主控界面。

(2)选择通道:根据生物信号的快慢和通道选择的原则选择合适的通道,生物电信号(快信号)采用专用导线接入相应的通道端口;非生物电信号(慢信号)通过相应的传感器接入相应的通道端口。

(3)确定交直流输入:通过交直流输入切换开关选择交直流输入方式。一般情况下,生物电信号输入选择交流输入形式。当输入张力、压力等非电生物信号时,转换为直流输入形式。实验者自加前置放大器的输出信号(如经微电极放大器输入的细胞动作电位信号)采用直流输入形式。

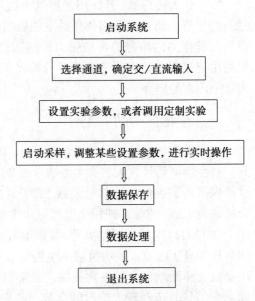

图1-3 生物信号采集处理系统的一般操作流程

(4)定制实验、设置实验参数:对于新开的实验,要根据实验的要求进行实验参数的设置(包括显示方式、采样间隔、通道数目、放大倍数、采样内容、滤波方式和参数、刺激方式和参数等)。实验参数设置完毕,即可作为配置文件保存,以便以后随时调用。

(5)调用配置文件:对于以前做过的实验并保存了相应配置的文件,可直接调用配置文件,进入采样过程。

(6)启动采样:点击采样"开始"按钮,系统开始采样,并自动将采样数据全部保存于当前目录下的 Tempfile.ADD 文件中;采样过程中,可根据记录到的信号波形、大小,调整某些设置参数;点击采样"停止"按钮,停止采样。

(7)数据保存:采样结束,应立即将采样数据或选取的数据自定义文件名另存。

(8)数据处理:打开已保存的原始数据文件,可进行查找与定位数据、调整图形大小、测量图形数据、选择数据段、编辑与打印数据等处理。

(9)退出系统:点击标题栏的关闭图标,即可退出系统。

2. 实验参数配置

（1）选择标准配置：选择菜单"设置/标准配置"，打开系统内置的标准四通道配置，此时所有实验参数复位，可在此基础上进行各种新的实验参数设置。

（2）设置采样条件：选择菜单"设置/采样条件设置"，打开采样条件设置窗，进行以下设置：

1）显示方式：①连续记录：通常用来记录频率较低、变化较慢的生物信号（如张力、血压、呼吸等）；②记忆示波：通常用来记录频率较高、变化较快的生物信号（如神经干动作电位、心室肌动作电位等）；③慢波扫描：用来记录采样频率为 100～200Hz 的生物信号，当某种实验无法确定用何种显示方式时，可选用这种显示方式。

2）采样间隔：用来选择前后采样点的间隔时间。若采样间隔长，则采样慢，快信号不能重现；而采样间隔短，则采样数据量过大，占用硬盘空间大，不容易进行后处理。因此，建议采样频率是所测信号的 5～10 倍。

（3）设置处理名称：点击相应通道的"显示控制区"中的"处理名称"，在弹出的菜单中打开"名称选择和处理设置"，选择适宜的名称、观察项目。

（4）设置放大倍数：根据所测生物信号的强弱选择合适的放大倍数。

（5）设置数字滤波：根据需要决定是否选择滤波。若选高通滤波，则测试系统允许大于该频率的生物信号通过；而选低通滤波，则测试系统允许小于该频率的生物信号通过。

（6）传感器定标：为了准确反映实验结果，需在实验前对传感器进行定标（校验标准），以尽可能减少测量误差，保证实验结果的真实性和准确性。传感器定标方法如下：

1）连接传感器：在放大器输入通道接口上连接传感器。需注意张力传感器应固定在一个支架上；而压力传感器连接好各种管道后，应将其中充满生理盐水。

2）采样加压：先行设置（如直流输入、采样条件、处理名称）并调零（使记录曲线与零线重合）后，开始采样。在传感器上施加一固定量值（如压力 15kPa、或张力 5g），保持一段采样，取得一个平稳的定标值后，停止采样。

3）单位修正-定标：在波形曲线上升后的平稳处产生一条与曲线相交的蓝线（定标线）。选中"显示控制区"-处理名称-"单位修正窗"。"单位修正窗"窗口的"原值项"已经有了数值，只需在"新值项"下手工输入在传感器上施加的固定量值数（如前述的 15kPa 或 5g）即可。此时 Y 轴上显示的刻度即自动调整至定标刻度。定标完成后，此后可随时调用。

（7）设置刺激器参数：单击"刺激器控制区"，在弹出的列表中选择需要的刺激模式（单刺激、串刺激、主周期刺激）。

3. 添加实验标记　该功能对采样结束后进一步分析数据、处理实验结果和实验报告撰写都有很大帮助。

（1）系统开始采样运行时，即在采样窗上部的实验标记添加区实时编辑标记内容，点击标记按钮，将标记内容送到时间轴上。

（2）需要显示实验标记内容时，停止采样后即可将鼠标箭头移至显示的标记上，按住鼠标不放，标记内容（包括时间、编辑内容）就显示出来。

4. 数据文件的保存、编辑、处理和打印输出

（1）实验结果保存：为保证不丢失文件数据资料，系统有如下存储功能，①采样同步保存：只要启动采样，系统就自动在当前目录下自动生成一个名为 Tempfile.ADD 的临时文件，该文件将所有"本次"采集到的数据全部保留，"本次"是指不关闭当前界面，不进行新

文件操作。若打开一个已保存的文件后启动采样，或暂时停止采样后再次启动采样，数据向后接续，边采边存。②按需保存：当系统采样时，若想保存以后的实验结果，选择另存为即可。

（2）打开文件、编辑：采样停止时，可打开系统已保存文件，浏览观察曲线，并进行编辑、测量、观察处理，也可选中所需曲线进行剪切、复制和粘贴，另存为其他文件名。

（3）实验结果处理　包括实验数据的测量、计算、统计和制作图表等。

1）自动处理：点击"在线测量"按钮，在采样的同时对实验结果进行测量，在通道右侧的"显示控制区"可显示实时测量的结果。

2）手动处理：点击"测量"按钮，根据需要选择测量、观察、区段测量等方法，测量后在通道右侧的"显示控制区"可显示测量的结果。

需要时可将测量结果记入电子表格。由于 Excel 软件可与 Prism、Sigma Plot 等著名的统计和制图软件互传数据，这样便可进行实验数据统计和制作图表。

（4）实验结果打印：点击"打印预览"快捷按钮，选定图文份数、图形及数据放置位置，打印输出。

六、常用手术器械、配件与设备

（一）常用手术器械

动物实验常用的手术器械包括手术剪、手术刀、手术镊、血管钳、组织钳、持针器、缝合针、血管夹等（图 1-4），这些器械除少数是根据需要特制的以外，大多数采用人用外科手术器械。生理学实验常用的动物可分为两类，即两栖类动物和哺乳类动物，因此手术器械也相应分为两类。

在生理实验室，两栖类动物的手术器械常配套装入蛙手术包（市售）内，便于保护手术器械，又便于清点数量。两栖类动物的手术器械含如下几种：手术剪、手术刀、手术镊、血管钳、组织钳、血管夹等；哺乳类动物的手术器械由于数量较多，通常装入敷有纱布的加盖白搪瓷盘内，哺乳类动物的手术器械主要有手术剪、手术刀、手术镊、血管钳、组织钳、持针器、缝合针、血管夹等。

1. 手术剪　依据用途不同包括以下几种：

（1）粗剪刀（普通剪刀）：通常用于两栖类动物实验。用于剪骨、肌肉和皮肤等较为坚硬和粗厚的组织。

（2）弯手术剪：常用于剪毛。弯剪刀剪毛可用于配合动物的自然弯曲，但是剪毛时仍然需要动作轻巧地仔细推进，以避免损伤皮肤。

（3）直手术剪（组织剪）：常用于剪开皮肤（哺乳动物）、皮下组织、筋膜和肌肉等。眼科剪主要用于剪断神经、血管和输尿管等细软组织。

2. 手术刀　用于切开家兔、猫和犬的皮肤、脏器等。手术刀包括手术刀片（直式和弧形）和刀柄两部分。

3. 手术镊　依据用途不同包括以下几种：

（1）普通镊（圆头镊、组织镊）：通常用于牵拉切口处的皮肤和夹捏较厚的组织。对组织损伤较小，但用力要适当。

（2）有齿镊：常用于牵拉坚硬的筋膜和切口处的皮肤，但不可夹捏内脏和某些细软组织（如神经和血管等）。

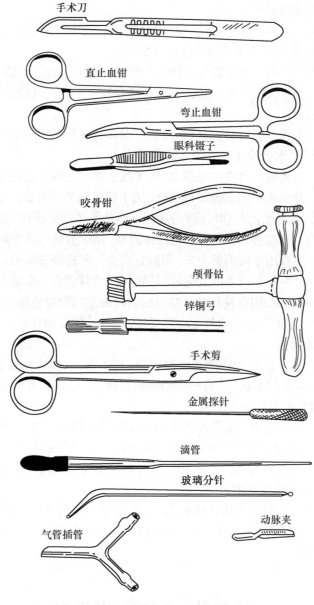

图1-4　常用手术器械示意图

（3）眼科镊：仅限用于神经、血管和输尿管等细软组织的夹持。

4. 手术钳

（1）血管钳（又称止血钳）：有多种类型，根据需要可选用直止血钳和弯止血钳，根据不同组织还需选用大小不同型号的止血钳。血管钳除用于夹住出血点以止血以外，还有如下作用：有齿的血管钳用于提起切口处的皮肤，无齿的血管钳可用于分离皮下组织和肌肉，而蚊式血管钳用于分离小血管及神经周围的结缔组织。

（2）骨钳（又称咬骨钳）：常用于打开颅腔和骨髓腔时咬切骨质。

5. 缝合器械　缝合针分为棱针和小圆针两种。棱针用于缝合皮肤和皮下组织；小圆针用于缝合肌肉组织。缝合线有丝线、棉线和肠溶线3种，丝线常用于缝合皮肤和皮下组织；肠溶线常用于缝合胃肠等内脏组织。持针器（又称针持）用于夹持缝合针。

（二）常用实验配件

1. 蛙心夹　由硬质不锈钢丝制成。使用时，将其"发夹"端夹住心尖，另一端借助缚线连接于张力传感器，用于两栖类动物在体心脏实验。

2. 血管夹　用于夹闭动脉或静脉，暂时阻断动脉或静脉血流，以便进行其他手术操作。

3. 气管插管　呈 Y 形，因实验动物不同而型号有所不同。气管插管一端插入气管，另一端接人工呼吸机。

4. 动脉插管　由优质塑料管拉制而成，因实验动物不同而型号有所不同。动脉插管一端插入动脉，另一端接水银检压计或压力传感器。

5. 膀胱插管　由优质塑料管拉制而成，用于观察动物的尿生成情况。

6. 静脉套管　是一种带内芯的不锈钢针，用于静脉给药和补液。静脉穿刺成功后用线固定在静脉上备用，静脉给药时即可将内芯拔出，给药完毕随即将内芯插入。

7. 静脉三通阀　市售有不锈钢和塑料两种规格，用于静脉点滴下断续给药。

8. 玻璃分针　主要用于两栖类动物，用以分离血管和神经等组织。

9. 锌 - 铜弓　由铜条和锌条组成两臂，用锡将二者焊接在一起成弓状。主要适用于两栖类动物神经 - 肌肉实验，用以检验神经肌肉组织兴奋性的简便装置。

10. 金属探针　主要适用于两栖类动物实验，用以破坏脑和脊髓。

（三）常用实验设备

1. 蛙手术板　主要适用于两栖类动物实验，有木制、玻璃和带釉瓷板等多种材质，木制蛙手术板是一种带孔的木板，连有一不锈钢固定棒，可固定在万能支架（台）上。通常是用大头针将蛙的四肢固定在蛙手术板上。

2. 兔手术台　是专门为家兔的在体实验而设计的。兔手术台主要由 4 部分构成：①塑料台作为基本结构；②可调四肢固定器（由不锈钢制成）；③头部固定支架；④保温装置。

3. 犬手术台　犬手术台通常为木质结构或钢木结构，除体积、长度和高度大于兔手术台以外，其结构设计和组成基本相同。

4. 人工呼吸机　主要用于哺乳动物（如大鼠、豚鼠、家兔和犬）在体实验中的人工辅助呼吸，因此该仪器设置了大小不同的潮气量和呼吸速率的标准，根据不同动物，选取不同的潮气量和呼吸速率挡位。

第三节　常用实验动物

实验动物是指经过科学育种，人工繁殖、饲养，遗传背景明确，品系清楚的动物。它们是用于生物医学的科研和教学的主要实验对象。

一、常用实验动物的选择

选用适宜的实验动物是进行科研和教学实验设计首要考虑的问题。通过对实验的目的要求、实验动物的解剖学和生理学特点等多方面因素综合分析，以选择适宜的实验动物种类和品系。

（一）基本原则

1. 相似性原则　利用动物实验的结果，分析和推断正常人体生命活动的规律和不同层次（整体、器官系统和细胞分子水平）功能活动的规律，是生理学的主要研究方法和途径。因此，须选择在器官结构、功能，以及新陈代谢等方面与人体相似或非常相近的动物进行实验，即相似性原则。如豚鼠听觉特性和人的相近，因此听觉方面的生理学实验，通常采用豚鼠。

2. 特殊性原则　某些实验动物体内的结构特殊和反应差异，因此可根据某些实验的目的和要求，恰当地选择那些符合实验要求的具有特殊解剖和生理学特点的实验动物。如家兔颈部的交感神经、迷走神经和降压神经分别存在，独立行走；而其他动物（如猫和犬）的降压神经走行于迷走-交感干或迷走神经中，如果要观察降压神经对心血管的作用，应选择家兔。

3. 标准化原则　为了保证动物实验结果的准确性和可重复性，应选择标准化动物。医学科研实验对实验动物标准化的要求极其严格，通常是根据动物的特点，结合实验的目的、内容和水平，决定选择动物的品系种类和微生物控制等级。

标准化动物的培育成本比较高，而生理学教学实验着重于医学生的实验技能、技术和方法等学习过程的培养，使用动物的数量较多，因此从价格经济和来源来说，还是应选择饲养便宜、价格经济和容易获得的实验动物。

（二）实验动物的规格

实验动物的规格包括年龄、性别、生理状态和健康情况。

1. 实验动物的年龄　实验动物的器官组织结构、功能和新陈代谢等方面，往往有加龄的变化，老年动物器官组织退化，功能减退，新陈代谢水平下降，兴奋性下降；而幼龄动物的反应较成年动物灵敏，成年动物的反应较老年动物敏感，但一般动物实验多选用成年动物。一般来说，实验动物的体重与年龄呈正比关系，故可用动物的体重来推断其年龄，如成年动物的体重分别是：小鼠为20～30g，大鼠为200～400g，豚鼠为400～700g，家兔为1.2～1.5kg，猫为1.5～2.0kg，犬为9.0～15.0kg。

2. 常用实验动物性别的辨识

（1）蛙和蟾蜍：雄性背部有光泽，前肢的大趾外侧有一直径约1mm的黑色突起，捏其背部时会叫，前肢多半呈曲环钩姿势；雌性无上述特点。

（2）小鼠和大鼠：性别的鉴别要点有二：①雄鼠可见阴囊内睾丸下垂，尤以大热天为明显；成熟雌鼠的腹部可见乳头。②雄鼠的尿道口与肛门距离较远，雌鼠则较靠近。

（3）豚鼠：与小鼠和大鼠基本相同。

（4）家兔：雄兔可见阴囊，两侧各有一个睾丸，用拇指和食指按压生殖器部位，雄兔可露出阴茎；雌兔的腹部可见乳头。

二、常用实验动物的种类及特点

为避免传染病的流行，必须对实验动物身上的微生物、寄生虫进行控制。按微生物被控制的程度，实验动物通常被分为四级：①一级：普通动物；②二级：清洁级动物；③三级：无特定病原体动物（specific pathogen-free animal，SPF animal），即SPF动物；④四级：无菌动物（germ-free animal，GF animal），即GF动物。根据实验动物国家标准（2001年版），小鼠和大鼠，按清洁级、SPF和GF三级控制，取消普通级小鼠和大鼠的生产；豚鼠和家兔，按普通级、清洁级、SPF和GF四级控制；猫和犬按普通级、清洁级和SPF三级控制。

生理学实验中常用的实验动物有以下数种，其特点简介如下：

1. 蛙和蟾蜍　主要用于神经系统和心血管系统生理学实验。整体条件下，两栖类动物可用于神经反射、心脏起搏点分析、心肌动作电位描记和微循环观察等方面的实验。制备的蛙坐骨神经 - 腓肠肌标本被广泛用于外周神经、骨骼肌和神经 - 骨骼肌接头等方面的实验研究。但是，两栖类动物实验结果的意义和价值，具有一定的局限性。

2. 小鼠　是医学实验中用途最广泛和最常用的哺乳类动物，特别是在药理学实验（如药物筛选、急性毒性实验）和免疫学实验（如抗肿瘤研究）中使用尤其广泛。在生理学教学实验中，小鼠可用于中枢神经、内分泌和新陈代谢等方面的实验。例如小鼠一侧小脑损伤的实验观察、小鼠新陈代谢的实验观察等。

小鼠品系较多，常用的是昆明小鼠。小鼠的基因表达与人的趋同性最高，甚至可达90% 以上，使得小鼠的某些实验结果的意义和价值升高。

3. 大鼠　是医学中最常用的实验动物之一，经常使用的种类是 SD 大鼠和 Wistar 大鼠。大鼠经常用于心血管、神经、内分泌系统的实验。由于大鼠垂体 - 肾上腺系统很发达，垂体摘除比较容易，故经常用来进行垂体、肾上腺等神经 - 内分泌的研究；由于大鼠对新环境容易适应、有探索性、易训练、对惩罚和暗示敏感等特性，因而大鼠已被广泛用于行为学、学习与记忆等中枢神经高级功能活动的实验研究。

4. 豚鼠　主要用于血清学和细菌学、免疫学等方面的实验。豚鼠血管反应敏感，切断迷走神经引起肺水肿的实验效果比其他动物明显。由于豚鼠的听觉灵敏，能识别多种不同的声音，而且听觉特性和人的相近，实验结果易于推导到人。因此，听觉方面的实验主要采用豚鼠，如微音器电位、复合听神经电位的记录、听区皮层诱发电位的记录等。

5. 家兔　是医学实验中常用的动物之一，其中最为常用的是中国本兔（白色毛、红眼、嘴较尖、耳短而厚）、青紫蓝兔（银灰色毛、抵抗力比白色毛兔强）和大耳白兔（日本大耳兔）。生理学教学实验常用的是中国白兔。家兔可用于心血管、呼吸、泌尿系统、神经系统等实验。例如整体条件下，家兔动脉血压的调节、呼吸运动的调节、影响尿生成的因素、家兔大脑皮层运动区的功能定位等实验。离体家兔的心脏在适宜的营养液中，仍能生存和搏动很长时间，因而便于进行长时间实验观察。

6. 家猫　生理学实验较少采用家猫，但由于家猫有极敏感的神经系统和发达的循环系统，生理学经典的去大脑僵直实验就采用家猫进行；家猫的血管较其他动物牢固，因此家猫常用作循环系统的实验。此外，用家猫作针刺麻醉实验研究的效果也较为理想。

7. 犬　犬是研究机体各系统生理学、病理生理学改变的主要动物。犬有发达的循环系统和神经系统，以及与人基本相似的消化过程。因而在进行循环、消化和神经系统等方面的实验研究时，犬更为常用。由于犬易于驯养，驯养后能很好的配合，因而也适于慢性实验，如巴甫洛夫的经典条件反射实验就是以犬为实验动物。犬的价格较昂贵，经常用于科研实验，一般生理学教学实验少用。

三、常用实验动物的主要生理参数

表 1-1　常用实验动物的心率正常值

动物种类	性别	心率（次 / 分）	测定时条件	测量方法	测量例数
小鼠	–	376 ± 4.9	戊巴比妥钠麻醉	心电图测量	10
大鼠	雄	373 ± 7.7	戊巴比妥钠麻醉	心电图测量	22

续表

动物种类	性别	心率（次/分）	测定时条件	测量方法	测量例数
豚鼠	雄	252±12	笼中静止时	心电图测量	5
家兔	–	246	戊巴比妥钠麻醉	心电图测量	5

表1-2　常用实验动物的动脉血压正常值

动物种类	性别	平均动脉压（mmHg）	测定时条件	测量方法	测量例数
犬	–	121±19	经过训练、清醒	心电图测量	20
小鼠	–	99.0±2.0	乙醚麻醉	尾部间接测压	40
大鼠	雄	88.0±10.7	乙醚麻醉	主动脉插管	20
豚鼠	–	57.2	麻醉	颈总动脉插管	8
家兔	雄	90.0	麻醉	颈总动脉插管	20
犬	–	133.0±2.7	戊巴比妥钠麻醉	颈总动脉插管	30

表1-3　常用实验动物的呼吸频率正常值

动物种类	性别	呼吸频率（次/分）	测定时条件	测量方法	测量例数
小鼠	–	94.0	–	呼吸描记器	10
大鼠	–	85.5	戊巴比妥钠麻醉	呼吸描记器	35
豚鼠	–	60.0±20	戊巴比妥钠麻醉	呼吸描记器	10
家兔	雄	56.0	戊巴比妥钠麻醉	未注明	5
犬	–	28.2±3.25	戊巴比妥钠麻醉	体积描记仪	39

表1-4　常用实验动物的体温正常值

动物种类	性别	年龄	体温（℃）	测量部位	测量例数
小鼠	雄	1年以上	36.7±1.3	直肠	50
大鼠	雄	4个月至1年	36.7±0.9	直肠	10
豚鼠	雄	1～2年	39.2±0.7	直肠	6
家兔	雄	1～5年	39.6	直肠	33
犬	–	成年犬	38.2	直肠（麻醉状态）	77

表1-5　常用实验动物的代谢率、氧耗量的正常值

动物种类	性别	外界温度（℃）	测量条件	测量例数	耗氧量 ml/(g·h)	代谢率 cal/(m²·h)
小鼠	–	31.0～31.9	空腹	50	–	26.6±1.2
大鼠	雄	28.0	睡眠、空腹	42	0.69±0.023	–
大鼠	雄	27.0	空腹	10	–	28.29±0.41
豚鼠	–	30.0～30.9	空腹	6	–	24.70±0.41
豚鼠	–	25.0	空腹	6	0.833	–
家兔	–	28.0～32.0	基础状态	20	–	26.0
犬	雄	24.0	安静	9	–	28.0

第四节　常用生理溶液以及实验药品剂量的确定

一、生理溶液

（一）常用生理盐溶液的成分及配制

生理实验中常用的生理盐溶液有数种，其成分和用途各异（表 1-6）。配制生理盐溶液的方法是将各成分分别配成一定浓度的基础溶液（表 1-7），然后按表中体积混合。

表 1-6　常用生理盐溶液的成分（g）及用途

试剂	任氏液	乐氏液	台氏液	生理盐水	
	两栖类	两栖类	哺乳类（小肠）	两栖类	哺乳类
氯化钠（NaCl）	6.50	9.00	8.00	6.50	9.00
氯化钾（KCl）	0.14	0.42	0.20	–	–
氯化钙（CaCl₂）	0.12	0.24	0.20	–	–
碳酸氢钠（NaHCO₃）	0.20	0.1～0.3	1.00	–	–
磷酸二氢钠（NaH₂PO₄）	0.01	–	0.05	–	–
氯化镁（MgCl₂）			0.10		
葡萄糖	2.0（可不加）	1.0～2.5	1.00	–	–
蒸馏水加至（ml）	1 000	1 000	1 000	1 000	1 000

应当注意：①配制时先将各种原液（除氯化钙、葡萄糖）混合，而后加入蒸馏水，最后再逐滴加入氯化钙，边加药边搅拌，以免形成沉淀。葡萄糖在临用前加入，加入葡萄糖溶液不能久置。②配制成的生理溶液，要注意测定与校正溶液的 pH，任氏液应校正到 pH 7.2，乐氏液和台氏液应校正至 pH 7.3～7.4。

表 1-7　几种生理盐溶液的配制方法

原液成分	任氏液	乐氏液	台氏液
20% NaCl（ml）	32.5	45.0	40.0
10% KCl（ml）	1.4	4.2	2.0
10% CaCl₂（ml）	1.2	2.4	2.0
5% NaHCO₃（ml）	4.0	2.0	20.0
1% NaH₂PO₄（ml）	1.0		5.0
5% MgCl₂（ml）	–	–	2.0
葡萄糖（g）	2（可不加）	1～2.5	1.0
蒸馏水加至（ml）	1 000	1 000	1 000

（二）常用抗凝剂的配制

1. 柠檬酸钠　又称枸橼酸钠。体外抗凝：常用 3.8% 柠檬酸钠溶液。柠檬酸钠溶液与血液之比为 1∶9，可用于红细胞沉降率的测定等。急性血压实验常用 5% 柠檬酸钠溶液抗凝。

2. 肝素　①体外抗凝：取 1% 肝素溶液 0.1ml 于试管内，均匀浸润试管内壁，放入 80～100℃烘箱中烤干备用。每管可用于 5～10ml 血液。②体内抗凝：常用量为 5～10mg/kg。市售肝素注射浓度为 12 500U/ml，相当于肝素钠 125mg，置于 4℃保存。

3. 草酸钾　用于血液样品检验的抗凝。在试管内加饱和草酸钾溶液 2 滴，轻轻叩击试管，使溶液均匀分散到试管壁四周，置低于 80℃的烘箱内烤干备用。此抗凝管可用于 2～3ml 血液抗凝。

二、实验药品剂量的确定

用药剂量的确定是实验研究的重要问题。人或某种动物的剂量一般可从有关书籍或文献中查得，如何折算为其他动物的剂量是生理学实验中常常碰到的问题。

（一）动物间药物剂量按动物体型系数的换算

生理学实验中常用药物剂量按千克体重计算。动物种属不同，每千克体重剂量亦不同。即使同种动物也会因体重不同而所给药物剂量不同，因而应准确计算出不同种属、同种属但不同体重动物的剂量。

既可用于不同种属动物，也可用于同种属但不同千克体重的动物，其给药剂量计算公式如下：

$$d_B = d_A \times R_B/R_A \times (W_A/W_B)^{1/3}$$

式中 d_A、d_B 为 A、B 两种动物的每千克体重剂量。R_A、R_B 是动物体型系数，可由表 1-8 查到。W_A、W_B 是动物的体重（kg）值。

表 1-8　不同种属的动物体型系数（R）

动物种属	小鼠	大鼠	豚鼠	兔	猫	猴	狗	人
体型系数	59	90	99	93	82	111	104	100

例 1：已知 12kg 成年家狗剂量为 33mg/kg，求 4kg 幼犬给药剂量。

$d_A = 33mg/kg$，$R_A = R_B = 104$，$W_A = 12kg$，$W_B = 4kg$

则 4kg 幼犬的给药剂量 $d_B = 33 \times 104/104 \times (12/4)^{1/3} = 27.8mg/kg$。

例 2：已知 20g 小鼠用药剂量为 3.2mg，求 12kg 家犬每千克体重给药剂量。

$d_A = 3.2mg/0.02kg = 160mg/kg$，$R_A = 59$，$R_B = 104$，$W_A = 0.02kg$，$W_B = 12kg$。

则 $d_B = 160 \times 104/59 \times (0.02/12)^{1/3} = 33.4mg/kg$。

（二）人和动物间按体表面积折算等效剂量的换算

前述公式用于计算动物间给药剂量较为准确，但相对较复杂。一般情况下可用查表法换算（表 1-9）。

表1-9　人和动物间按体表面积折算等效剂量比值表

	小鼠 （20g）	大鼠 （200g）	豚鼠 （400g）	兔 （1.5kg）	猫 （2.0kg）	猴 （4.0kg）	狗 （12kg）	人 （70kg）
小鼠（20g）	1.0	7.0	12.25	27.8	29.7	64.1	124.2	387.9
大鼠（200g）	0.14	1.0	1.74	3.9	4.2	9.2	17.8	56.0
豚鼠（400g）	0.08	0.57	1.0	2.25	2.4	5.2	4.2	31.5
兔（1.5kg）	0.04	0.25	0.44	1.0	1.08	2.4	4.5	14.2
猫（2.0kg）	0.03	0.23	0.41	0.92	1.0	2.2	4.1	13.0
猴（4.0kg）	0.016	0.11	0.19	0.42	1.0	1.9	1.9	6.1
犬（12kg）	0.08	0.06	0.10	0.22	0.23	0.52	1.0	3.1
人（70kg）	0.0026	0.018	0.031	0.07	0.078	0.16	0.32	1.0

例如，已知某药用于大鼠的有效剂量50mg/kg，求该药在兔的等效剂量。查表1-9，从横向列表的动物种类中找到兔，再从竖向排列的动物种类中找到大鼠，两相对应的数据为3.9，则50mg/kg×3.9=195mg/kg，即兔的等效剂量为195mg/kg，可试用该剂量进行兔的药效实验，并根据药物反应适当调整剂量。

第五节　生理学实验基本操作技术

一、常用动物的捉拿方法

1. 蛙和蟾蜍　用左手将动物握紧在手掌中，拇指和食指分别压住其左、右前肢，并以左手中指、无名指、小指压住其左腹和后肢，右手进行脑、脊髓破坏等操作。抓取时，禁忌挤压两侧耳部的腺体，以免毒液射入眼中。

2. 小鼠　捉拿方法有二，一种是用右手提起尾部，放在鼠笼盖的铁丝网上或其他粗糙面上，向后上方轻拉，此时小鼠前肢紧紧抓住粗糙面，迅速用左手拇指和食指捏住小鼠颈背部皮肤，并用小指和手掌尺侧夹持其尾根部固定手中；另一种是只用左手，先用拇指和食指抓住小鼠尾部，再用手掌尺侧及小指夹住尾根，然后用拇指及食指捏住其颈部皮肤。前一方法简单好学，后一方法较难，但便于快速捉拿给药。取血及静脉注射时，可将小鼠固定在金属或木制固定器上（图1-5）。

3. 大鼠的捉拿方法　捉拿时应戴帆布手套捉持（图1-6），方法基本与小鼠相同。若大鼠过于凶猛，可待其安静后，再捉拿或用卵圆钳夹其颈部抓取。另外一种方法是以右手抓住鼠尾，左手戴防护手套或用厚布盖住鼠身作防护握住其整个身体，并固定其头骨防止被咬伤，但不要握力过大，勿握其颈部，以免窒息死亡。再根据实验需要将大鼠置于固定笼内或用绳绑其四肢固定于大鼠手术板上。大鼠在惊恐或激怒时易将实验操作者咬伤，在捉拿时应注意。

4. 豚鼠　生性胆小，故捉取时要求快、稳、准。先用右手掌迅速而又轻轻地扣住豚鼠背部，抓住其肩胛上方，以拇指和食指环握颈部，对于体型较大或怀孕的豚鼠，可用另一只手托住其臀部（图1-7）。

5. 兔　用手抓起其脊背近颈部的皮肤,抓的面积越大其承重点越分散。如家兔肥大应再以另一只手托住其臀部或腹部,使重量承托于手中(图 1-8),然后按实验要求固定。

图1-5　小鼠的捉拿法示意图

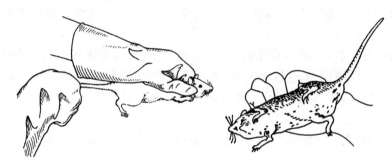

图1-6　大鼠捉拿法示意图

图1-7　豚鼠捉拿法示意图

图1-8　家兔捉拿法示意图

6. 猫　捉拿时先轻声呼唤,慢慢将手伸入猫笼中,轻抚猫的头、颈及背部,抓住其颈背部皮肤并以另一手抓其背部。如猫不让接触或捉拿时,可用套网捉拿。操作时注意猫的利爪和牙齿,勿被其抓伤或咬伤。

7. 犬　首先用特制的长柄钳夹住其颈部,套上犬链,然后捆绑犬嘴。犬嘴的捆绑方法:先将棉绳由下而上绕犬嘴在嘴上方打第一个结,再绕到嘴下方打第二个结,最后绕至颈后打第三个结固定。捆绑犬嘴的目的是避免其咬人,方便施以麻醉。

二、实验动物的麻醉和给药方法

(一)实验动物的麻醉

进行在体动物实验时,宜用清醒状态的动物,这样将更接近生理状态。但进行手术或为了消除疼痛或减少动物挣扎时,必须进行麻醉。

1. 麻醉的形式

(1)局部麻醉:需在动物清醒情况下进行局部实验时,可采用局部麻醉法。局部麻醉法有局部皮下注射法、黏膜局部滴药或涂药法等。0.5%～2% 普鲁卡因作皮下浸润麻醉较为常用。

(2)全身麻醉:有吸入麻醉和注射麻醉法。吸入麻醉,通常采用乙醚。乙醚吸入麻醉适用于各种动物时间短的手术过程或实验,将浸有乙醚的棉球放入玻璃罩内,利用其挥发的性质,经呼吸道吸入,吸入后约 15～20 分钟开始发挥作用。施行乙醚吸入麻醉时应避火、通风、注意安全。

2. 麻醉药的种类　注射麻醉常用药物及给药途径见表 1-10,以下重点介绍生理学实验最常用的麻醉药。

(1)乌拉坦:又名氨基甲酸乙酯,与氯醛糖类似,可导致较持久的浅麻醉,对呼吸无明显影响。乌拉坦对兔的麻醉作用较强,是家兔急性实验常用的麻醉药。对猫和狗则奏效较慢,在大鼠和兔能诱发肿瘤,需长期存活的慢性实验动物不宜用此麻醉。本药易溶于水,使用时配成 10%～25% 的溶液。

(2)氯醛糖:本药溶解度较小,常配成 1% 水溶液。使用前需先在水浴中加热,使其溶解,但加热温度不宜过高,以免降低药效。本药的安全度大,能导致持久的浅麻醉,对自主神经中枢的功能无明显抑制作用,对痛觉的影响也极微,故特别适用于研究要求保留生理反射(如心血管反射)或研究神经系统反应的实验。

生理学实验中常将氯醛糖与乌拉坦混合使用于中枢神经的实验,如大脑皮层诱发电位的引导等。配制时用加温法将氯醛糖溶于 25% 的乌拉坦溶液内,使氯醛糖的浓度为 5%。狗和猫静脉注射剂量为每千克体重用 1.5～2ml 混合液,其中氯醛糖剂量为 75～100mg/kg。兔也可用此剂量作静脉注射。

(3)巴比妥类:各种巴比妥类药物的吸收和代谢速度不同,其作用时间亦有长有短。巴比妥类对呼吸中枢有较强的抑制作用,麻醉过深时,呼吸可完全停止,故应注意给药不可过多过快。巴比妥类药物对心血管系统也有复杂的影响,故这类药物用于心血管功能研究的动物麻醉,不够理想。

与乙醚比较,乌拉坦、巴比妥和氯醛糖等非挥发性麻醉药的优点是:使用方法简便;一次给药(硫喷妥钠除外)可维持较长时间的麻醉状态;手术和实验过程中不需要专人管理麻醉;而且麻醉过程比较平稳,动物无明显挣扎现象。缺点是:动物苏醒较慢。

表1-10 常用麻醉药物的剂量和用法

麻醉药	动物	给药途径	给药剂量 (mg/kg)	配制浓度 (%)	给药量 (ml/kg)	维持时间
乌拉坦	狗、猫、兔	静脉、腹腔	750～1 000	30	2.5～3.3	2～4h,应用安全毒性小,更适用于小动物麻醉
		直肠	1 500	30	5.0	
	豚鼠、大鼠、小鼠	肌肉	1 350	20	7.0	
	蛙类	皮下、淋巴	2 000 或每只 100～600mg	20	每只1～3ml	
氯醛糖	狗、猫、兔	静脉	50	2	2.5	3～4h
	豚鼠、大鼠、小鼠	静脉、腹腔	50	2	2.5	
巴比妥钠	狗	静脉	225	20	1.12	4～6h,麻醉诱导期长,深度不易控制
	猫	腹腔	200	5	4.0	
		口服	400	10	4.0	
	兔	腹腔	200	5	4.0	
	鼠类	皮下	200	2	10	
苯巴比妥钠	狗、猫	腹腔静脉	80～100	3.5	2.2～3.3	同上
	兔	腹腔	150～200	3.5	4.3～6.0	
戊巴比妥钠	狗、猫、兔	静脉	30	3	1.0	1～2h,中途加1/5量可维持1h以上,麻醉力强,易抑制,呼吸变慢
		腹腔	35	3	1.0	
		皮下	40～50	3	1.4～1.7	
	豚鼠	腹腔	40～50	2	2.0～2.5	
	大鼠、小鼠	腹腔	45	2	2.5	
硫喷妥钠	狗、猫、兔	静脉、腹腔	25～50	2	1.3～2.5	15～30min麻醉力强,注射宜慢,维持剂量酌情掌握
	大鼠	静脉、腹腔	50	1	5.0～10.0	

（二）常用动物的给药方法

1. 注射给药方法 应用最为广泛,而且取效迅速。

（1）静脉注射

1）小鼠、大鼠:多采用尾静脉注射,先将动物固定于固定器内(可采用筒底有小口的有机玻璃筒、金属或铁丝网笼)。将鼠全部尾巴露在固定器外面,以右手食指轻轻弹鼠尾尖部,必要时可用45～50℃的温水浸泡鼠尾部或用75%乙醇擦鼠尾部,使全部血管扩张充血、表皮角质软化,以拇指与食指捏住鼠尾部两侧,鼠尾静脉充盈更明显,以无名指和小指夹持鼠尾尖部,中指从下托起尾巴固定之(图1-9)。

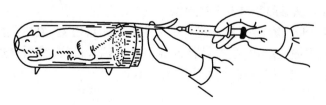

图1-9 小鼠尾静脉注射示意图

注射采用 4 号针头,注射针头与鼠尾部呈 30°角刺入静脉,推动药液无阻力、且可见沿静脉血管出现一条白线,说明针头在血管内,可注药,一次注射量为 0.05～0.1ml/10g。大鼠亦可舌下静脉注射或颈外静脉注射。

2)豚鼠:一般前肢皮下头静脉穿刺易成功。也可先将后肢皮肤切开,暴露腔前静脉,直接穿刺注射,注射量不超过 2ml。

3)兔:一般采用耳缘静脉。耳缘静脉沿耳背后缘走行,较粗,剪除其表面皮肤上的被毛,并用水湿润局部,血管即显现出来。注射前可先轻弹或揉擦耳尖部并用手指轻压耳根部,第一次进针点要尽可能靠远心端刺入静脉,以便为以后的进针留有余地。后顺着血管平行方向深入 1cm,放松对耳根处血管的压迫,左手拇指和食指移至针头刺入部位,固定针头与兔耳,缓慢注射药液。若在实验中,需继续间断给药,最好采用留置针,注射后用胶布固定在兔耳上。

4)犬:常用的注射部位是后肢小隐静脉和前肢内侧皮下头静脉。注射前由助手将动物侧卧,剪去注射部位的被毛,用胶皮带扎紧(或用手抓紧)静脉近端,使血管充盈,从静脉的远端将注射针头平行刺入血管,待有回血后,松开绑带(或两手)缓慢注入药液。

(2)腹腔注射

1)小鼠:腹腔注射时,左手固定动物,使腹部向上,头呈低位。右手持注射器,在小鼠右侧下腹部刺入皮下,沿皮下向前推进 3～5mm,然后刺入腹腔。此时有抵抗力消失之感觉,这时在针头保持不动的状态下推入药液。一次注射量为 0.1～0.2ml/10g。

2)大鼠、豚鼠、兔、猫等动物:腹腔注射皆可参照小鼠腹腔注射法。但应注意家兔与猫在腹白线两侧注射,离腹白线约 1cm 处进针。

(3)肌内注射

1)小鼠、大鼠、豚鼠:这些动物肌肉少,一般不作肌内注射。如需要时,可将动物固定后,一手拉直动物左或右侧后肢,将针头刺入后肢大腿外侧肌肉内(用 5～7 号针头)。小鼠一次注射量不超过每只 0.1ml。

2)兔:肌内注射时,右手持注射器,令其与肌肉成 60° 角一次刺入肌肉中,先抽回针,视无回血时将药液注入,注射后轻按摩注射部位,帮助药液吸收。

(4)皮下注射

1)小鼠:皮下注射通常在背部皮下注射,注射时以左手拇指和中指将小鼠颈背部皮肤轻轻提起,食指轻按其皮肤,使其形成一个三角形小窝,右手持注射器从三角窝下部刺入皮下,轻轻摆动针头,如易摆动时则表明针尖在皮下,此刻可将药液注入。

2)大鼠:皮下注射部位可在背部或后肢外侧皮下,操作时轻轻提起注射部位皮肤,将注射针头刺入皮下,每次注射量为 < 1ml/100g。

3)豚鼠:皮下注射部位可选用两肢内侧、背部、肩部等皮下脂肪少的部位。通常在大腿内侧从注射针头与皮肤呈 45° 角的方向刺入皮下,确定针头在皮下推入药液。

4)兔:皮下注射法参照小鼠皮下注射法。

5)两栖类动物淋巴囊注射:蛙和蟾蜍的皮下有数个淋巴囊,其中胸淋巴囊常用做给药部位。注射时以左手握住动物,右手持注射器将针头刺入口腔,然后穿过下颌肌层进入胸淋巴囊内注入药液(图 1-10),一次最大注射量为 1ml。

2. 灌胃给药方法

(1)小鼠和大鼠:灌胃给药需采用灌胃器,即由灌胃针连接注射器(小鼠 1ml,大鼠

5～10ml）组成。小鼠灌胃针长约5cm，大鼠灌胃针长为6～8cm。灌胃时，用左手固定鼠，使其腹部向上，右手持灌胃器，沿鼠体壁用灌胃针测量口角至最后肋骨之间的长度，计为插入灌胃针的预计长度。随后，用灌胃针压住其舌部，使口腔与食管成一线，再将灌胃针沿上腭壁轻轻插入食管，进入胃内（图1-11）。为防止将药液注入气管，注药前，应回抽注射器针栓，无空气逆流则说明灌胃针不在气管内，即可推注药液。小鼠每次灌胃量为0.1～0.3ml/10g，大鼠每次灌胃量1～2ml/100g。

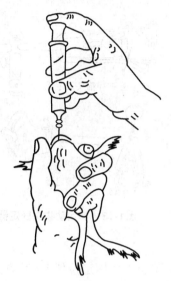

图1-10 蛙类淋巴囊注射示意图

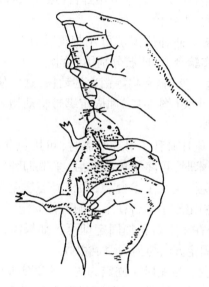

图1-11 鼠类灌胃给药法示意图

（2）家兔：通常由两人合作进行（图1-12）。一人将家兔的躯体和后肢夹于两腿之间，左手抓住双耳固定其头部，右手抓住其前肢；另一人将开口器放在家兔口中，将兔舌压在开口器下面，然后用14号导管自开口器中央的小孔插进，缓慢沿上腭壁插入食管5～18cm。插管后，将导管的外口端放入盛水的烧杯中，若无气泡逸出，说明导管在食管内，即可将药液推入，最后用少量清水冲洗胃管，以保证管内药液全部进入胃内。家兔每次灌胃量最多为80～150ml。

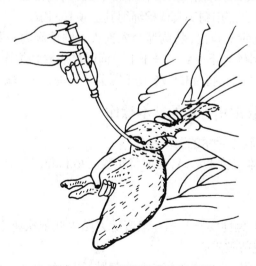

图1-12 家兔灌胃给药法示意图

三、常用动物的固定方法

动物固定的方法,因动物实验内容不同而异。如做腹部、胸部实验则采用仰卧位;如头部实验采用俯卧位。而脑内核团记录,则要固定头部,且处于一特定水平位置,以便确定向深部核团插入电极的角度和深度。

1. 蛙和蟾蜍 通常可用蛙钉(或大头针)将其四肢固定于蛙板上。

2. 鼠 仰卧位固定可用棉绳拉住鼠的上门齿,栓到实验台上,四肢分别用绳固定。

3. 兔 兔、猫和狗等稍大的动物,通常使用各种动物的头夹(图 1-13)和固定绑带将动物固定在实验台上。

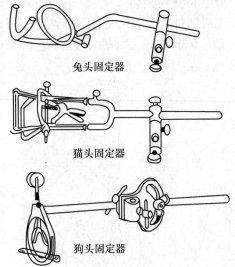

兔头固定器

猫头固定器

狗头固定器

图1-13 常用动物头固定器示意图

做家兔耳血管注射或取血时,可用兔盒固定。做各种手术时,可将家兔麻醉后,采取仰卧位固定法,将家兔固定在手术台上,用棉绳套住兔的上门齿,将其固定于手术台柱上。俯卧位固定时,让兔自然爬卧在手术台稍加固定即可。如果需行头部实验时,固定方法与猫头固定相似。

4. 猫 以俯卧位固定为主。头部实验时,将头固定于立体定位仪上,其方法为:左手握住猫的上、下颌骨,右手持耳棒插入其耳道内,使耳棒尽量插入颅骨外耳道孔内,固定耳棒,对侧耳朵按同样方法固定。调节耳棒上的刻度使之对称,以确保头被固定于立体定位仪正中位置。将口腔固定器塞入口腔,用眼眶固定杆分别压到两眼下眶,然后调整口腔固定器和眼眶固定杆,并拧紧固定螺丝,躯体自然伏卧在手术台上。如猫头仰卧位固定,则用绳将猫的上犬齿固定于手术台柱上,再固定四肢。

5. 犬 操作顺序如下:急性实验时,将麻醉的犬置于手术台上,四肢缚上绳带,前肢的两条绳带在犬的背后交叉,将对侧前肢压在绳带下面,再将绳带缚紧在手术台边缘的固定螺丝上。后肢固定后,将头部用狗头夹或棉绳缚其上颌骨固定。

(1)固定头:先将狗舌头拉出,将狗嘴套入狗头夹的铁圈内,横铁条嵌入狗嘴内,然后旋转圈顶的下压杆使弧形铁扣下压到狗鼻子上。仰卧位或俯卧位均可。

(2)固定四肢:先将粗棉绳套扣结,缚扎于踝关节上部,另一端固定在手术台上。

四、急性动物实验常用手术的基本操作

(一)哺乳类动物实验中手术的基本操作

哺乳动物的急性在体实验手术,首先要将实验动物麻醉,然后固定,即可进行以下手术操作。

1. 动物的备皮

(1)剪毛法:常用于急性实验。用一般弯剪刀贴皮肤依次将手术范围内的被毛剪去。勿用手提起毛剪之,以免剪破皮肤。

(2)拔毛法:适用于大、小白鼠和家兔耳缘静脉,以及后肢皮下静脉的注射、取血等。

（3）剃毛法：用于大动物的慢性实验，用剃毛刀剃去手术野中的被毛。

（4）脱毛法：用于无菌手术野备皮。①小动物脱毛剂配方：硫化钠 8g，淀粉 7g，糖 4g，甘油 5g，硼酸 1g，水 75g，调成稀糊状。用法：先将手术野的被毛剪短，后用棉球涂一薄层脱毛剂，2～3 分钟后用温水洗净，擦干，涂一薄层油脂；鼠类亦可不用剪毛，直接涂脱毛剂。②狗等大动物脱毛剂配方：硫化钠 10g，生石灰 15g，加水至 100ml 拌匀。用法：术者戴耐酸手套，用纱布涂之，使狗毛浸透，等 2～3 分钟后洗净擦干，涂一薄层油脂。注意在脱毛前不可用水弄湿欲脱毛部位，以免脱毛剂渗入毛根，造成炎症。

2. 切开和止血

（1）切开皮肤：先用左手拇指和食指绷紧皮肤，右手持手术刀切开皮肤，切口大小适度以便于手术操作为宜，但也不可过大。

（2）止血：止血方法视出血情况而定，若为小血管出血，可用温热生理盐水纱布按压止血；较大血管出血，须先找到出血点，用止血钳夹住，然后用线结扎。

3. 神经、血管分离技术

分离组织有钝性和锐性分离两种。钝性分离不易损伤神经和血管等，常用于分离肌肉包膜、脏器和深筋膜等；锐性分离要求准确、范围小，避开神经、血管或其他脏器。

（1）颈动脉分离术：暴露气管，分别在颈部左右侧用止血钳分离开肌肉，在胸头肌与胸舌骨肌之间，可看到与气管平行的颈总动脉，它与迷走神经、交感神经、降压神经伴行于颈动脉鞘内（注意颈动脉有甲状腺动脉分支）。用玻璃分针小心分离颈动脉鞘，并分离出颈总动脉 3cm 左右，在其下面穿两条线，一线在近心端动脉干上打一虚结，供固定动脉套管用，另一线准备在头端结扎颈总动脉。

（2）迷走神经、交感神经、降压神经分离术：按上法找到颈动脉鞘，先看清 3 条神经走行后，用玻璃分针小心分开颈动脉鞘，迷走神经最粗，交感神经次之，减压神经最细，且常与交感神经紧贴在一起（一般先分离减压神经）。每条神经分离出 2～3cm，并各穿一条不同颜色的、生理盐水润湿的丝线以便区分（图 1-14）。

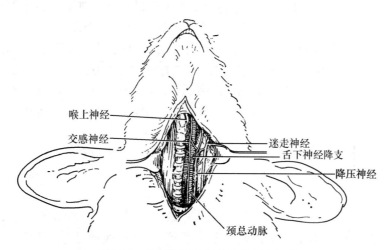

图1-14　兔颈部动脉与神经分布示意图

（3）颈外静脉分离术：颈部去毛，从颈部甲状软骨以下沿正中线做 4～5cm 皮肤切口，夹起一侧切口皮肤，右手指从颈后将皮肤向切口顶起，在胸锁乳突肌外缘，即可见到颈外静脉。用玻璃分针分离出 2~3cm,下穿双线备用。

（4）股动脉、股静脉分离术：①固定动物，在股三角区去毛，股三角上界为韧带，外侧为内收长肌，中部为缝匠肌。②沿血管走行方向切一个长约 4~5cm 的切口。可以用止血钳钝性分离肌肉和深筋膜，暴露神经、动脉、静脉(神经在外,动脉居中,静脉在内)。③分离静脉或动脉，在下方穿线备用，用温热生理盐水纱布覆盖于手术野。

（5）内脏大神经分离术

1）家兔内脏大神经分离术：兔麻醉固定。沿腹部正中线做 6~10cm 切口，并逐层切开腹壁肌肉和腹膜。用温热的生理盐水纱布将腹腔脏器推于一侧，暴露肾上腺，细心分离肾上腺周围脂肪组织。沿肾上腺斜外上方向，即可见一根乳白色神经（图 1-15），向下方通向肾上腺，并在通向肾上腺前形成两根分支，分支交叉处略膨大，此即为副肾神经节。分离清楚后，在神经下引线（不结扎）备用。

2）狗内脏大神经分离术：同上法，暴露肾上腺。分离左侧内脏大神经时，向上方寻找半月交感神经节和内脏神经主干，用玻璃棒剥离盖在内脏大神经上的壁层腹膜，即可分离出内脏大神经。

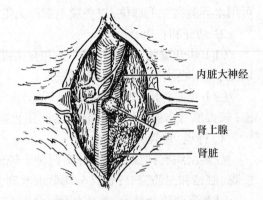

图1-15 兔内脏大神经分离术示意图

4. 插管技术

（1）气管插管术：①仰卧位固定动物，颈前区备皮，从甲状软骨下沿正中切开并逐层钝性分离，暴露气管。②分离并游离气管，在气管下方（食管上方）穿粗线备用。③在甲状软骨下 0.5cm 处横向切开气管前壁，再向头端作纵向切口，使切口呈"⊥"形。④一手提线，另一手插气管套管，结扎固定。

（2）颈总动脉插管术：①用注射器向管道系统注满肝素生理盐水，排尽气泡，检查管道系统有无破裂，动脉套管尖端是否光滑(不可太尖)，口径是否合适。②尽可能靠头侧结扎颈总动脉。用动脉夹尽量靠近心脏侧夹闭颈总动脉。两者之间相距 2~3cm，以备插管。③用小拇指撑起颈总动脉，用锐利的眼科剪，靠结扎处朝心脏方向剪一"V"形切口，注意勿剪断颈总动脉。④生理盐水润湿的动脉插管从切口向心脏方向插入颈总动脉，并保证套管与动脉平行以防刺破动脉壁。插入 0.5~1cm 左右，用线将套管与颈总动脉一起扎紧，以防脱落。

（3）静脉插管术：插管部位：兔在颈外静脉，猫、狗常在股静脉。在已分离好的静脉上，用线结扎远心端，在结扎处的近心侧静脉上朝心脏方向剪一"V"形切口，将静脉套管（带芯）向心插入静脉，结扎固定即可。

（4）输尿管插管法：自耻骨联合上缘沿正中线向上做一长约 5cm 的皮肤切口，再沿腹白线剪开腹壁和腹膜（勿损伤腹腔脏器），找到膀胱，将膀胱慢慢向下翻转移出体外腹壁上。在膀胱底部找出两侧输尿管，并从周围组织中细心分离一小段输尿管，备双线。用线将输尿管近膀胱端结扎，然后在结扎上方的管壁处斜剪一小切口，把充满生理盐水的细塑料管向肾脏方向插入输尿管内，用线结扎、固定好。再以同样方法插好另一侧输尿管。两侧的细塑料插管可用"Y"形管连起来，然后连到记滴器上记滴。手术完毕后，将膀胱与脏器送回腹腔,用温生理盐水纱布覆盖在腹部创口上,以保持腹腔内温度和伤口湿润。

（5）膀胱插管法:同上述输尿管插管法,切开腹壁,将膀胱轻移至腹壁上。先用棉线结扎膀胱颈部,以阻断它与尿道的通路,然后在膀胱顶部选择血管较少处剪一纵行小切口,插入膀胱插管(或漏斗),用线结扎、固定。膀胱插管口最好正对着输尿管在膀胱的入口处,但不要紧贴膀胱后壁而堵塞输尿管口。膀胱插管的另一端用导管连接至记滴器。手术后处理同上法。

（二）两栖类动物实验中手术基本操作

1. 破坏脑和脊髓 取蛙或蟾蜍1只,用自来水冲洗干净。左手握住蟾蜍,用拇指按压背部,食指按压头部前端,使头前俯。右手持探针由头部前端沿正中线向尾端触划,当触划到凹陷处,即枕骨大孔所在部位,将探针由此处垂直刺入枕骨大孔,然后折向前刺入颅腔并左右搅动,捣毁脑组织。再将探针抽回至进针处,再折向后刺入脊椎管,反复提插捣毁脊髓。如果蟾蜍下颌呼吸运动消失,四肢松软,表明脑和脊髓已完全破坏。否则,须按上法再行捣毁。

2. 离体蛙心制备 具体过程如下(图1-16):

（1）取蛙或蟾蜍1只,毁坏脑和脊髓,方法同上。仰卧位固定于蛙板上,用蛙钉固定。从剑突下将胸部皮肤向上剪开(或剪掉),然后剪掉胸骨,打开心包,暴露心脏(图1-16A)。

（2）在主动脉干下方穿引两根线,一条在主动脉上端结扎插管时用,另一根则在动脉圆锥上方系一松结,用于结扎和固定蛙心插管(图1-16B)。

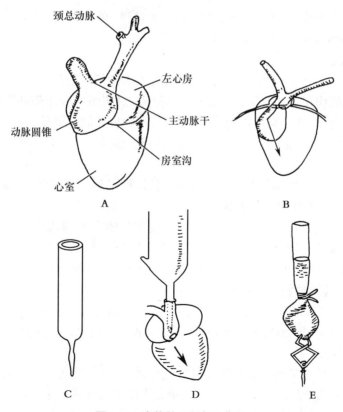

图1-16 离体蛙心制备示意图

（3）左手持左主动脉上方的结扎线，用眼科剪在松结上方左主动脉根部剪一小斜口，右手将盛有少许任氏液的大小适宜的蛙心插管（图 1-16C）由此剪口处插入动脉圆锥（图1-16D）。当插管头部到达动脉圆锥时，再将插管稍稍后退，并转向心室中央方向，在心室收缩期插入心室。判断蛙心插管是否进入心室，可根据插管内任氏液的液面是否能随心室的舒缩而上下波动来定。如蛙心插管已进入心室，则将预先准备好的松结扎紧，并固定在蛙心插管的侧钩上，以免蛙心插管滑出心室。剪断主动脉左右分支。

（4）轻提起蛙心插管以抬高心脏，用一线在静脉窦与腔静脉交界处结扎，结扎线应尽量向下移，以免伤及静脉窦。在结扎线外侧剪断所有组织，将蛙心游离出来。

（5）用任氏液反复换洗蛙心插管内含血的任氏液，直至蛙心插管内的任氏液中无血液残留为止，至此离体蛙心已制备成功（图 1-16E）。

第六节 实 验 设 计

实验设计是生理学实验的重要组成部分。其基本原理是运用学过的生理学基本知识结合统计学的知识和方法，严格控制干扰因素，最大限度减少实验误差，保证实验数据的可靠性和精确性，使实验达到高效、快速和经济的目的。

一、实验设计的基本原则

实验设计的科学性、准确性，除了对受试对象选择、处理因素、效应指标做出合理安排以外，还必须遵循实验设计的三大原则。

（一）对照原则

1. 空白对照　或称正常对照，是指对受试对象不做任何处理或使用安慰剂进行观察。如观察某降糖药的作用时，处理组动物服用降糖药，对照组不服用降糖药物或服用安慰剂（即一种形状、颜色、气味均与药物相同，但不含有药物成分的对照品）。

2. 自身对照　指对照与处理均在同一受试对象上进行。例如用药前后对照，手术前后对照。

3. 标准对照　指实验结果与标准值或正常值进行对照。如药物疗效观察，观察典型药物与现用药物所具有的疗效有何差异。

4. 实验对照　亦称假手术组。指对照组不施加处理因素，但施加某种与处理因素相关的实验因素进行对照。例如研究切断迷走神经对胃酸分泌的影响，除设空白对照外，还需要设假手术组（经过同样麻醉、切开、分离，但不切断迷走神经）作为手术对照，以排除手术本身对实验结果的影响，假手术组就是实验对照。

5. 相互对照　亦称组间对照。指不特设对照组，而是几个实验组、几种处理方法之间对照。例如用几种药同时治疗同一疾病，对照这几种药的效果，各给药组间互为对照。

（二）随机原则

随机是指对实验对象的实验顺序和分组进行随机处理，使每个实验对象在接受分组处理时具有均等的机会，因此遵循随机原则是提高组间均衡性的一个重要手段。通过随机化处理，一方面可使抽取的样本能够代表总体，减少抽样误差；另一方面使各组样本的条件尽量一致，消除或减少组间差异，从而使处理因素产生的效应更加客观，便于得出正确的实验结果。随机化的方法很多,如抽签法、随机排列表、随机数字表等。

（三）重复原则

重复是指可靠的实验结果应在相同条件下重复出来。由于实验对象个体差异等因素,一次实验结果往往不够准确可靠,需要多次重复实验才能获得可靠的结果。因此,重复是保证科研结果稳定、结论可靠的重要措施。

二、实验设计的实施

（一）确定实验对象与样本数量

1. 受试对象的选择　受试对象包括人和动物。以人体作为受试对象的实验主要是一些无创伤性的实验,例如脉搏、心率、血压等,也包括运动生理方面的实验性训练、运动现场测定等实验。在选择动物为受试对象时应注意:

（1）选择生物学特征既接近于人类又经济易得的动物,例如家兔、大鼠、豚鼠等。

（2）选择健康、营养状况良好的动物。健康的动物表现为行动活泼、反应灵敏、毛色光泽、两眼明亮、食欲良好等,这样能获得理想的实验结果。

（3）选择品系符合实验要求的动物,一般以纯种动物（近交系动物）为佳。

（4）选择年龄、体重、性别一致的动物,以减少动物个体差异对实验造成的影响。

2. 确定样本数量　一般情况下,动物实验每组所需的样本数见表1-11。

表 1-11　动物实验样本数量表

动物	计量资料	计数资料
小动物（小鼠、大鼠、蛙）	≥ 10	≥ 30
中动物（豚鼠、兔）	≥ 6	≥ 20
大动物（犬、猫）	≥ 5	≥ 10

（二）确定实验方法

实验方法要根据实验目的以及实验室现有的仪器设备条件而确定。在实验方案确定后,要精心准备,包括使用的仪器、试剂、药品以及器械。为了解实验方法和步骤是否切实可行,需做预实验,确定测试指标是否稳定可靠,而且初步了解实验结果与预期结果的距离,从而为正式实验提供补充、修正的意见和经验。

（三）确定观察指标

观察指标首先要能反映被研究问题的本质,具有专一性。其次是指标必须能用客观的方法取得准确数据,如血压、心率、体重等;而麻木、头痛、恶心等则属主观感觉,不宜定量。正确选定效应指标需符合以下原则:

1. 特异性　指标应能反映某一特定的现象,如研究高血压病应用血压（尤其是舒张压）作为特异指标,血气分析中的血氧分压和二氧化碳分压可作为呼吸衰竭的特异指标等。

2. 客观性　实验可选用各种仪器测量和检验获得的客观指标,如心电图、脑电图等,其反映的现象准确不易受主观因素干扰。

3. 灵敏性　由实验方法和仪器的灵敏度共同决定。灵敏性高的指标能将处理因素引起的微小效应显示出来;灵敏性低的指标,对已经发生的变化不能及时反映出来或得到假阴性结果,这种偏向指标应该放弃。

4. 重复性　在相同条件下,观测指标可以重复测得。重复性高的指标一般能较真实地反映实际情况。为提高重复性,需注意仪器的稳定性,减少操作误差,控制实验条件。

5. 精确性　包括精密度和准确度,实验效应指标要求既精密又准确。精密度与随机误差相关,准确度主要受系统误差的影响。

6. 可行性　指标测定方法要有文献依据,同时要具备完成本实验指标的实验室设备和技术水平,使实验能够顺利实施。

另外,还需明确指标测定的具体步骤,包括使用仪器、测定方法、操作步骤、结果的分析等。

（四）确定实验分组

采用随机抽样分组,方法有下列几种:

1. 完全随机法　主要用于单因素大样本的实验。先将样本编号后,按统计专著所附的随机数字表,任取一段数字,依次排配各样本。然后按这些新号码的奇偶(分两组时)或除以组数后的余数(分两组以上时)作为分配归入的组次。最后仍同前再随机调整,以使各样本数达到均衡。

2. 简化分层随机法　常用于单因素小样本的一般实验。即将同一性别的动物按体重大小顺序排列,分组时按体重小到大的次序随机分到各组。在一个实验中体重不宜相差过大。一种性别的动物分配完后,再分配另一性别的动物。各组雌雄性别数目应一致。

3. 均衡随机法　对重要因素进行均衡,使各组基本一致;对次要因素则按随机处理。

第七节　实验资料的处理分析

在严谨合理的实验设计上进行实验研究,要对实验资料进行检查、核对、整理、分类或分组归纳,最后根据统计处理的结果进行分析讨论。

一、实验资料的收集和整理

（一）实验资料的收集

在收集实验资料前,应根据实验设计,编制记录实验资料的项目、表格,以便以后的识别、归类、处理和分析。实验数据应及时用实验专用记录本或计算机储存。记录时要书写清楚,应有必须的精确度,避免缺项、误抄、难辨认,以至日后无法采用。

（二）实验数据的核查

对原始实验资料须进行认真核对检查,发现实验数据缺项或缺少统计分析的关键数据,必须尽可能补充实验或剔除。

（三）实验数据的整理

1. 实验数据的分类整理　对原始实验资料和数据检查完成后,应进一步将数据进行整理分类。首先应区别原始数据是数量性资料(包括连续性资料即计量资料和不连续性或间断性资料即计数资料),还是质量性资料。

（1）计数资料:研究中有些资料无法定量,只有质的区别,数据通常是通过计数而取得。如存活与死亡、有效与无效、阴性或阳性等。此类资料在整理时,需对全部观察对象进行计数,故称为计数资料或定性资料。这类资料可进行率的计数,如有效率、治愈率和死亡率等。

（2）计量资料:观察指标是连续的变量,或是通过度量衡等计量工具直接测定的数据（如身高、体重、血象、血压、肺活量、尿量等)均属计量资料。计量资料可用均数和标准差表示,标准差通常不应大于均数的1/3。

（3）等级资料:实验研究获得的资料有时是半定量的或具有某种属性的程度不同。例如用中药治疗某种病人的疗效可分为治愈、好转、无效等。又如研究某一新药的过敏反应设定 −、+、+、++ 不同程度来表示。这类计数资料称为等级资料。等级资料与一般计数资料不同的是,属性的分组有程度的差别,各组按大小顺序排列;与计量资料不同的是以每个观察单位来确切定量,因而称为半计量资料。

2. 实验数据的分组整理　当实验数据所含的变数较多时（多于30个变数以上的大样本),需要将变数分为若干组,以利于统计分析。对不同类型的数据有不同的分组方法。

（1）连续性数据的分组:采用组距分组法。在分组前先确定全距、组数、组距和组限等,然后将每个变数纳入组内。①全距:计量数据中最大值减最小值。②组数:根据样本观测数的多少来确定。③组距:组距 = 全距 / 组数。组距可以相等,也可不等。当数据变动比较均匀时,可采用等距分组,等距分组的优点是各数的频数不受组距大小的影响。如数据过分集中于一端,且相距太远,也可采用不等距分组。④组限:组限是指每个组变量的起始点（下限值)和终止点（上限值),组内最大值为组上限,组内最小值为组下限,组上限 = 组下限 + 组距。

（2）间断性数据的分组:常采用单项分组法,以样本变数的自然值进行分组,每组用一个变数值。然后可用划"正"计数法制成次数分布表,还可依据次数分布表制成次数分布图（折线图、矩形图、条形图、圆形图)及计算平均数、标准差等统计指标。

二、实验资料的统计分析

实验数据的统计分析包括统计描述和统计推断两部分内容。统计描述是用统计指标描述资料的数据特征;统计推断包括参数估计和假设检验,参数估计是在统计描述的基础上由样本统计指标推论总体,假设检验是推断比较的两组统计指标间的差别是本质不同,还是由于抽样误差所致。

（一）统计指标

1. 计量资料的常用统计指标　变量的取值是定量的,表现为数值大小,一般有度量衡单位。如:身高（cm)、血压（kPa 或 mmHg)、红细胞数（ $\times 10^{12}$/L)、血红蛋白（g/L)等。

（1）平均数:常用的平均数有均数、几何均数和中位数。

1）均数:适用于对称分布资料（尤其是正态分布资料),医学资料绝大多数近似对称分布,如:身高、血压、红细胞数、血红蛋白等,可用均数作为指标描述其集中趋势和平均水平。

2）几何均数:适用于等比级数资料（对数正态分布),医学资料如抗体滴度、抗原滴度等,变量值间呈倍数关系,可选用几何均数描述其平均水平和集中趋势。

3）中位数:一般用于偏态分布（不对称)资料或数据的一端或两端为不确定值的资料,无法计算均数和几何均数,可选用中位数描述其平均水平和集中趋势。医学资料如:治愈日数、传染病潜伏期等,常常出现数据的一端为不确定值。

　　计算方法是将一组观察值从小到大按顺序排列,位次居中的观察值就是中位数(或位次最中间两个数值的平均值)。

　　(2)变异指标:描述一组变量值的变异程度和离散趋势。常用的变异指标有标准差、四分位数间距和变异系数。

　　1)标准差:适用于对称分布资料(尤其是正态分布资料)。

　　2)变异系数(CV):主要用于量纲不同或均数差别较大的变量间变异程度的比较。变异系数(CV)没有单位,常以百分数表示,其意义是标准差(S)为均数的多少倍。变异系数大意味着相对于均数而言的相对变异性较大。

　　2. 计数资料的常用统计指标　计数资料的变量值是定性的,表现为互不相容的类别和属性。如性别(男、女)、血型(A、B、AB、O)、治疗结果(有效、无效)等。计数资料的统计描述常用相对数作为指标,常用的相对数有:率、构成比、相对比。

　　(1)率:是说明某现象发生的频率或强度的指标。

　　(2)构成比(百分比):是表示事物内部各构成部分在全体中所占比例或分布的指标。

　　(3)相对比:是两个有关的同类指标的比,常以倍数或百分数(%)表示。

(二)常用统计方法

　　实验数据资料经整理和初步统计描述后,须对不同实验组间数据进行比较,即进行不同实验组间差别的假设检验(或显著性检验),以推断不同实验组间的差别是本质不同,还是由于抽样误差所致。

　　不同类型数据需采用不同的假设检验方法。如两组计量资料的比较通常用 t 检验和方差分析,计数资料的组间比较通常用卡方检验。P 值一般用来描述对比组之间的差异有无显著性意义:$P < 0.05$ 为对比组之间的差异具有显著性意义,$P < 0.01$ 为对比组之间的差异具有非常显著性的意义。

三、实验报告的书写

(一)实验报告的一般要求

　　实验报告是对实验的总结,是表达实验研究成果的一种形式。书写实验报告是一项重要的基本技能训练,是学习书写论文的基础。书写实验报告应注意内容真实准确,文字简练、通顺,书写清洁、整洁,标点符号、外文缩写、单位度量准确、规范。

(二)实验报告的书写

　　实验报告本的封面须注明姓名、专业、年级、班次、组别。

　　实验报告书写的格式和具体要求如下:

　　1. 实验报告的一般情况介绍　包括:①实验序号和题目;②实验的日期与时间过程;③实验室的温度和湿度。

　　2. 实验目的　说明为什么要进行该项实验,解决什么问题,具有什么意义。

　　3. 实验原理　简要叙述设计本实验所依据的基本原理。

　　4. 实验对象　若观察人的生命指标,须注明性别、年龄、职业、健康状况;若进行动物实验,须注明动物来源、种属、性别、年(周)龄、健康状况。

　　5. 实验器材与药品

　　(1)实验器材:所有的实验仪器、器械应介绍齐全,包括名称、型号、规格、数量。

　　(2)实验药品:注明中英文及缩写、来源和批号剂量、施加途径与手段。

6. 实验方法和实验步骤 按顺序用序号列出每一步操作,说明实验过程中的具体步骤,并描述实验过程中的具体操作方法。

7. 实验结果 是实验过程中观察到的现象和原始记录的资料(如曲线)、数据及经过。在实验完成之后,应对实验过程中观察到的现象和原始记录的资料(如曲线)和数据进行认真核对,系统分析,对数据进行统计学处理,形成实验结果。实验结果可选用适当的表格、图表、曲线的方式,加上简明扼要的文字叙述。依顺序用序号将实验过程中的每一观察项目观察到的现象记录下来,将图或曲线剪贴在实验报告本上。

8. 讨论 是根据已知的理论知识对本实验结果进行实事求是、符合逻辑的分析推理,从而推导出恰如其分的结论,最好能提出实验结果的理论意义和应用价值。如果实验出现非预期结果,绝对不能舍弃或随意修改。要对非预期结果进行分析研究,探讨非预期结果的原因。有时正是从某种非预期结果中发现新的有价值的东西,从而实现新理论的建立,或者实验技术的改进等。

9. 结论 结论应与本次实验的目的相呼应。结论是从实验结果和讨论中归纳出的概括性的判断,即是本次实验所能验证的理论的简明总结。实验结论不是实验结果的简单重复,不应罗列具体的结果,也不能随意推断和引申。如果实验结果未能说明问题,不要勉强下结论。

◆◆◆ 第二章 ◆◆◆

生理学实验项目

实验1 坐骨神经腓肠肌标本制备

【实验目的】

掌握蛙类坐骨神经腓肠肌标本的制备方法。通过标本的制备与检测,加深对刺激、兴奋、兴奋性和可兴奋性组织等概念的理解。

【实验原理】

两栖类动物的一些基本生命活动和生理功能与恒温动物近似,但其离体组织所需的存活条件比较简单,易于控制并掌握。在生理实验中,常用它们的离体组织或器官作为实验标本来观察刺激、兴奋的一些规律。如蟾蜍的坐骨神经腓肠肌标本属于可兴奋组织,在人工配制的任氏液中,其兴奋性数小时内保持不变。若给坐骨神经施加一个适宜刺激,可在神经、肌肉上产生一个可传导的动作电位,并出现一次明显的肌肉收缩和舒张。

【实验对象】

蛙或蟾蜍。

【实验器材与药品】

蛙类手术器械(粗剪刀、组织剪、眼科剪、圆头镊、眼科镊)、金属探针、玻璃分针、蛙板、培养皿、锌铜弓、手术丝线、滴管、任氏液。

【实验方法与步骤】

1. 破坏脑和脊髓　取蛙或蟾蜍1只,用自来水冲洗干净。左手握住蛙或蟾蜍,用拇指按压背部,食指按压头部前端,使头前俯。右手持探针由头部前端沿正中线向尾端触划,当触划到凹陷处,即枕骨大孔所在部位。将探针由此处垂直刺入枕骨大孔,然后折向前刺入颅腔并左右搅动,捣毁脑组织。再将探针缓慢撤回至进针处,折向后刺入椎管,反复提插捣毁脊髓(图2-1)。如果蛙或蟾蜍下颌呼吸运动消失,四肢松软,则表明脑和脊髓已完全破坏。否则须按上法再行捣毁。

图2-1 破坏蟾蜍脑和脊髓的
方法示意图

2. 剪除躯干上部及内脏 左手捏住蛙或蟾蜍脊柱,右手持粗剪刀在骶髂关节水平以上0.5～1cm处剪断脊柱(图2-2A),再沿脊柱两侧剪开腹壁,使躯干上部与内脏自然下垂,剪除躯干上部和所有内脏,留下后肢、髂骨、部分脊柱及紧贴于脊柱两侧的坐骨神经,切勿损伤两侧的坐骨神经(图2-2B)。

3. 剥皮及分离下肢 左手捏住脊柱断端(注意不要压迫神经),右手捏住断端皮肤边缘,向下完全剥掉后肢皮肤,浸入盛有任氏液的小烧杯中。冲洗手及用过的手术器械。然后沿正中线用粗剪刀将脊柱及耻骨联合中央剪开并分离两侧下肢。将两下肢标本置于盛有任氏液的培养皿内备用(图2-2C)。

4. 游离坐骨神经 取一侧下肢标本,用玻璃分针沿脊柱旁游离坐骨神经,并于靠近脊柱处穿线、结扎并剪断。轻轻提起扎线,用眼科剪剪去周围的结缔组织及神经分支,切勿用力牵拉坐骨神经。再将标本背面朝上放置,将梨状肌及周围的结缔组织剪去。在股二头肌与半膜肌之间的缝隙处,即坐骨神经沟,找出坐骨神经大腿段。用玻璃分针仔细分离,边分离边剪断坐骨神经分支,将神经一直游离到腘窝(图2-2D)。

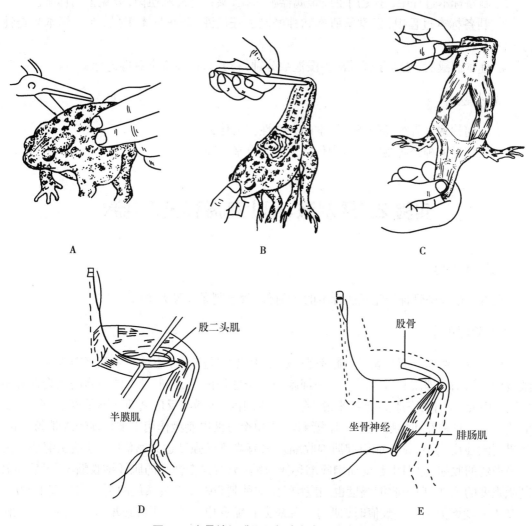

图2-2 坐骨神经腓肠肌标本制备过程示意图

5. 完成坐骨神经腓肠肌标本的制备　将游离的坐骨神经轻轻搭在腓肠肌上,在膝关节周围剪去大腿肌肉,并用粗剪刀将股骨剔净,在股骨中段剪断股骨(保留股骨约 1cm)。在跟腱处穿线并结扎,在结扎处远端剪断跟腱。游离腓肠肌至膝关节处,轻提结扎线,然后将膝关节下方小腿其余部分剪除。这样坐骨神经腓肠肌标本就制备完成了(图 2-2E)。

【实验观察项目】

用浸有任氏液的锌铜弓轻轻触及坐骨神经,观察腓肠肌的反应。如腓肠肌发生迅速而明显的收缩,表明标本的兴奋性良好。将标本置于盛有任氏液的培养皿中,以备上机检测肌肉的收缩性能。

【注意事项】

1. 破坏脑和脊髓时,不要将蟾蜍的头部对着自己和别人的面部,以防蟾酥溅入眼内。如果蟾酥不慎溅入眼内,应立即用生理盐水冲洗。
2. 制备标本过程中,避免用手或金属器械牵拉、夹捏神经和肌肉,以免损伤标本。
3. 制备标本过程中,经常给肌肉和神经滴加任氏液,防止标本干燥,保持标本兴奋性的正常。
4. 标本制成后,应置于任氏液中浸泡数分钟,待其兴奋性稳定后再进行实验。

【思考题】

1. 如何检测坐骨神经腓肠肌标本的兴奋性? 为什么?
2. 剥皮后的神经腓肠肌标本为什么不能用自来水冲洗?

实验 2　阈刺激、阈上刺激和最大刺激

【实验目的】

观察并记录坐骨神经腓肠肌标本的阈刺激、阈上刺激和最大刺激。

【实验原理】

神经肌肉组织具有兴奋性,能接受刺激发生兴奋反应。标志单一细胞兴奋性大小的刺激指标常用阈值即阈刺激表示。单一细胞的兴奋性是恒定的,但是不同细胞的兴奋性并不相同。因此,对于多细胞的组织来说,在一定范围内,刺激与反应之间并不是表现"全或无"的关系。坐骨神经和腓肠肌是多细胞组织,当单个方波电刺激作用于坐骨神经或腓肠肌时,如果刺激强度太小,则不能引起肌肉收缩。只有当刺激强度达到阈值时,才能引起肌肉发生最微弱的收缩,这时引起的肌肉收缩称阈收缩(只有兴奋性高的肌纤维收缩)。以后随着刺激强度的增加,肌肉收缩幅度也相应增大,这种刺激强度超过阈值的刺激称为阈上刺激。当刺激强度增大到某一数值时,肌肉出现最大收缩反应。即使再继续增大刺激强度,肌肉的收缩幅度也不再增大。这种能使肌肉发生最大收缩反应的最小刺激强度称为最适强度,

具有最适强度的刺激称为最大刺激。最大刺激引起的肌肉收缩称为最大收缩(所有的肌纤维都收缩)。由此可见,在一定范围内,骨骼肌收缩的大小取决于刺激的强度,这是刺激与组织反应之间的一个普遍规律。

【实验对象】

蛙或蟾蜍。

【实验器材与药品】

蛙类手术器械、支架、双凹夹、神经标本屏蔽盒、张力换能器、电子刺激器、生物信号采集处理系统、任氏液。

【实验方法与步骤】

1. 制备坐骨神经腓肠肌标本(见实验1),将标本置于任氏液中浸泡备用。
2. 连接实验仪器装置　首先将坐骨神经腓肠肌标本的股骨断端固定于屏蔽盒的小孔内,将坐骨神经干搭在屏蔽盒的刺激电极上。再将腓肠肌跟腱上的结扎线系在其上方的张力换能器的应变片上。调整屏蔽盒与张力换能器之间的距离,保持垂直和适宜的紧张度。张力换能器与计算机生物信号采集处理系统输入通道相连,刺激器的输出与屏蔽盒的刺激电极相连。
3. 打开计算机,启动生物信号采集处理系统,点击菜单"实验/实验项目",按计算机提示进入"刺激强度与肌肉反应关系"的实验项目。

【实验观察项目】

1. 阈刺激　根据设置的刺激参数,逐次增大刺激强度,记下出现轻微收缩时的刺激强度,该刺激为阈刺激。
2. 最大刺激　继续增大刺激强度,并记录收缩反应。观察每次增大刺激强度后,肌肉收缩曲线是否也相应增大。当肌肉收缩达到一定程度时,再增大刺激强度,肌肉收缩曲线也不再继续升高,即为肌肉的最大收缩,所用刺激为最大刺激。出现肌肉最大收缩时的第一个(最小)刺激强度即最大刺激强度。

【注意事项】

1. 经常滴加任氏液,以保持标本湿润、具有良好的兴奋性。
2. 测定最大刺激时,刺激强度应缓慢增大,避免强度增加过高过快而使神经疲劳,影响实验结果。

【思考题】

刺激强度与骨骼肌收缩幅度之间的关系如何? 为什么?

实验 3 骨骼肌的单收缩和强直收缩

【实验目的】

观察刺激频率和肌肉收缩反应之间的关系；了解强直收缩的形成过程。

【实验原理】

肌肉兴奋的外在表现形式是收缩。给肌肉一个阈上刺激，肌肉将发生一次收缩，此收缩称为单收缩。单收缩的全过程可分为潜伏期、收缩期和舒张期。当给肌肉连续的脉冲刺激时，如果刺激频率较低，每一个新刺激到来时，由前一次刺激引起的单收缩过程已经结束，因此每次刺激都引起一次独立的单收缩。当刺激频率逐渐升高到某一限度时，后一个刺激落在前一次收缩的舒张期内，于是每次新的收缩都出现在前次收缩的舒张过程中，收缩过程呈现锯齿状，此收缩称为不完全强直收缩。当刺激频率继续升高时，后一个刺激落在前一次收缩的收缩期内，肌肉则处于完全的持续收缩状态，看不出舒张的痕迹，此收缩称为完全强直收缩。

【实验对象】

蛙或蟾蜍。

【实验器材与药品】

同实验 2。

【实验方法与步骤】

1. 制备坐骨神经腓肠肌标本(见实验 1)，将标本置于任氏液中浸泡备用。
2. 连接实验仪器装置(见实验 2)。
3. 打开计算机，启动生物信号采集处理系统，点击菜单"实验/实验项目"，按计算机提示进入刺激频率与肌肉反应关系的实验项目。

【实验观察项目】

1. 单收缩 将刺激频率置于低频，连续刺激，描记独立或连续的单收缩曲线。
2. 不完全强直收缩 提高刺激频率，描记出锯齿状的不完全强直收缩曲线。
3. 完全强直收缩 继续提高刺激频率，直到描记出平滑的完全强直收缩曲线。
各种曲线见图 2-3。

【注意事项】

1. 每次刺激后要适当休息，以免标本疲劳。
2. 经常滴加任氏液，以保持标本湿润，兴奋性良好。

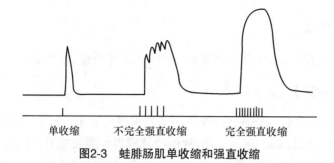

单收缩 　　不完全强直收缩 　　完全强直收缩

图2-3 蛙腓肠肌单收缩和强直收缩

【思考题】

1. 刺激强度与骨骼肌收缩幅度之间的关系如何？
2. 单收缩、强直收缩形成的原理是什么？
3. 骨骼肌的收缩幅度为何随刺激频率的增加而增加？

实验4 神经干动作电位及传导速度的测定

【实验目的】

学习生物电活动的细胞外记录法；观察坐骨神经干动作电位的基本波形、潜伏期、波幅及时程；了解神经干兴奋传导速度测定的基本原理与方法。

【实验原理】

神经组织属于可兴奋组织，当受到有效刺激时，在静息电位的基础上爆发动作电位，是神经兴奋的客观标志。在神经细胞外表面，兴奋部位的电位小于静息部位，当动作电位通过后，兴奋部位的膜外电位恢复到静息时的水平，用电生理学方法可以引导并记录到此电位变化过程。将两个引导电极置于完整的神经干表面，当神经干一端受刺激而兴奋时，兴奋向另一端传导并依次通过两个记录电极，这时可记录到两个方向相反的电位偏转波形，称为双相动作电位。若将两个引导电极之间的神经干损伤使其失去传导兴奋的能力，此时的兴奋波只通过第一个引导电极处，而不能传至第二个引导电极处，第二个电极成为电位恒定的参考电极，故只能记录到单方向的电位偏转波形，称为单相动作电位。

坐骨神经由很多兴奋性不同的神经纤维所组成，兴奋时产生的动作电位为许多神经纤维动作电位的代数和，即复合动作电位。在一定范围内，复合动作电位的幅度随刺激强度的增加而增大，能引起最大复合动作电位的最小刺激强度，称为最大刺激。

神经纤维兴奋后，动作电位可沿细胞膜传导至另一端，其传导的速度取决于神经纤维的粗细、温度、有无髓鞘等因素。测定神经纤维上动作电位传导的距离（S）与通过这段距离所用的时间（t），即可根据 V=S/t 求出动作电位的传导速度。

【实验对象】

蛙或蟾蜍。

【实验器材与药品】

生物信号采集处理系统,蛙类手术器械,神经标本屏蔽盒,任氏液。

【实验方法与步骤】

1. 制备坐骨神经标本　全部过程及方法细节参见实验1。另需注意的是,本实验只分离神经,而且尽可能分离得长一些。当坐骨神经被游离至腘窝处后,继续向下剥离,在腓肠肌两侧的肌沟内找到胫神经和腓神经,剪去任一分支,分离留下的一支直至足趾。

2. 按图2-4连接实验装置　将神经干标本平直置于神经标本屏蔽盒内的电极上,一对记录电极(R_1、R_2)与生物信号采集处理系统输入通道1相连;另一对记录电极(R_3、R_4)与生物信号采集处理系统输入通道2相连;一对刺激电极(S_1、S_2)与生物信号采集处理系统的刺激输出相连;接地电极连接地线。

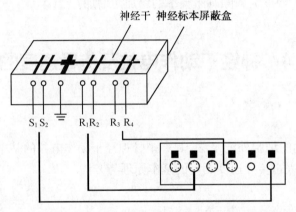

图2-4　神经干动作电位及兴奋传导速度测定的实验装置示意图

3. 记录坐骨神经动作电位

(1)打开计算机,启动生物信号采集处理系统,点击菜单"实验/实验项目",按计算机提示进入"神经干传导速度"的实验项目。按表2-1进行本实验参数设置。

表2-1　实验参数设置

采样	参数		刺激	参数
显示方式	记录仪		刺激方式	主周期刺激
触发方式	刺激器触发		主周期	1s
采样间隔	20μs		幅度	0.2~1.0V
采样通道	1(AC)	2(AC)	脉冲数	1
处理名称	神经干AP	AP传导速度	波宽	0.1ms
放大倍数	200	200	间隔	60ms
滤波	全通1kHz	全通1kHz	延时	10ms
X轴压缩比	1:1	1:1	周期数	连续
Y轴压缩比	4:1~6:1	4:1~6:1		

（2）记录坐骨神经动作电位，观察动作电位的稳定性。

【实验观察项目】

1. 观察复合动作电位　给予标本单刺激，刺激强度从最小开始，逐渐增加刺激强度，找出刚能引起微小的双相动作电位波形的刺激强度，即阈强度。继续增加刺激强度，观察动作电位幅度在一定范围内随刺激强度增加而增大的变化情况，找出最大刺激强度（图 2-5）。

2. 测定动作电位传导速度　给予神经最大刺激强度，显示器上分别记录到前后两个动作电位曲线。移动生物信号采集处理系统的测量光标，计算出两个动作电位起点的间隔时间，即动作电位先后到达两对记录电极的时间差或动作电位从 R_1 传导到 R_3 所需的时间（t），再人工准确地测出 R_1 到 R_3 之间的距离（S），按计算机提示输入数据，系统便会自动计算出传导速度（m/s）。

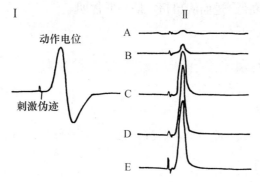

图2-5　神经干双相（Ⅰ）及单相（Ⅱ）动作电位波形示意图

图中A、B、C、D、E为逐渐增加刺激强度引出的动作电位

【注意事项】

1. 神经干标本应尽可能长，并经常用任氏液湿润标本，以保持标本兴奋性良好。
2. 神经干置于标本屏蔽盒内时，应与各电极均保持良好接触。
3. 刺激神经时，强度应由弱至强逐步增加，以免过强刺激伤害神经标本。

【思考题】

1. 在实验中，神经干复合动作电位的幅值可在一定范围内随刺激强度的增加而增大，这与"全或无"定律矛盾吗？
2. 在引导出的神经干双相动作电位中，前、后相的幅度有何不同，为什么？
3. 记录神经干动作电位时，常在神经中枢端给予刺激，而在外周端引导动作电位，为什么？

实验5　神经干不应期的测定

【实验目的】

了解测定神经纤维不应期的原理和方法；观察神经干在一次兴奋过程中，兴奋性变化的规律。

【实验原理】

可兴奋组织在一次兴奋后，其兴奋性会发生规律性的时相变化，依次经历绝对不应期、相对不应期、超常期和低常期，然后恢复正常。为了测定神经一次兴奋后兴奋性的变化，可先给神经施加一个条件性刺激，引起神经兴奋，然后再用一个检验性刺激在前一兴奋过程的不同时期给予刺激，检测神经对检验性刺激反应的兴奋阈值以及所引起的动作电位的幅度，以判定神经组织的兴奋性的变化。

如刺激器双脉冲的参数不能分别调节，只能相同，则测试检验性刺激是否引起动作电位以及所引起动作电位幅值的大小，以此来反映神经兴奋性的变化，测出相对不应期和绝对不应期。如刺激器输出的双脉冲刺激的刺激参数能分别独立调节，则可以用测定阈值的方法来反映神经兴奋性高低，进而测出超常期和低常期。

【实验对象】

蛙或蟾蜍。

【实验器材与药品】

生物信号采集处理系统，蛙类手术器械，神经标本屏蔽盒，任氏液。

【实验方法与步骤】

1. 制备坐骨神经标本　制备过程与实验4相同。

2. 连接实验装置　将神经干标本平直置于神经标本屏蔽盒内的电极上，一对记录电极（R_1、R_2）与生物信号采集处理系统输入通道相连；一对刺激电极（S_1、S_2）与生物信号采集处理系统的刺激输出相连；接地电极连接地线（图2-6）。

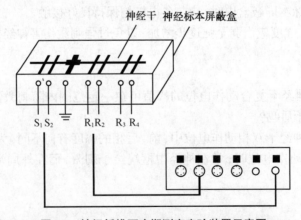

图2-6　神经纤维不应期测定实验装置示意图

3. 记录坐骨神经动作电位

（1）打开计算机，启动生物信号采集处理系统，点击菜单"实验/实验项目"，按计算机提示进入"神经不应期测定"的实验项目。按表2-2进行本实验参数设置。

表2-2 实验参数设置

采样	参数	刺激	参数
显示方式	记录仪	刺激方式	自动间隔调节
触发方式	刺激器触发	主周期	1s
采样通道	1	波宽	0.1ms
处理名称	神经干 AP	首间隔	10ms
放大倍数	200	增量	−0.2ms
X轴压缩比	2∶1	脉冲数	2
Y轴压缩比	8∶1	延时	5ms

（2）记录坐骨神经动作电位,观察动作电位的稳定性。

【实验观察项目】

1. 引导动作电位　进行单脉冲刺激,调节刺激强度,使其刚好能使神经干产生最大动作电位,此强度即最大刺激强度。改变刺激模式为双脉冲刺激,强度设置为最大刺激强度,调节脉冲之间的间隔时间,在间隔时间较大时,可先后记录出两个幅值相等的动作电位。

2. 相对不应期　逐渐缩短双脉冲的间隔时间,可见到第二个动作电位向第一个动作电位逐渐靠拢,当其幅度开始降低时,表明第二个刺激已落入第一次兴奋的相对不应期,将此时的间隔时间作为 t_1。

3. 绝对不应期　继续缩短双脉冲间距,若第二个动作电位完全消失,表明此时第二个刺激开始落入第一次兴奋后的绝对不应期,将此时双脉冲的间隔时间作为 t_2。见图 2-7。

4. 计算相对不应期的长短　t_1-t_2 的差值,为神经干的相对不应期。

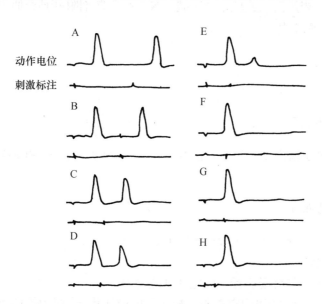

图2-7　双脉冲刺激测定神经兴奋不应期示意图

A～H: 条件刺激与检验刺激的时间间隔逐渐缩短后,
第二个动作电位波形的变化

【注意事项】

1. 用刚能使神经干产生最大动作电位的最大刺激强度刺激神经。
2. 保持神经标本屏蔽盒内一定的湿度，以保证神经干标本兴奋性良好。

【思考题】

1. 神经干不应期与单根神经纤维的不应期有何不同？
2. 绝对不应期的长短有何生理意义？

实验6　神经-骨骼肌接头兴奋的传递与阻滞

【实验目的】

采用受体阻断方法，加深对神经-肌肉接头兴奋的传递、兴奋-收缩耦联并引起肌肉收缩机制的认识。

【实验原理】

神经肌肉接头由前膜、间隙和后膜三部分组成。当兴奋传到神经末梢时，前膜释放递质乙酰胆碱（ACh），通过间隙扩散到达后膜（终板膜）时，立即与后膜上的 ACh 受体（N_2 型）结合，产生终板电位进而使周围的肌膜产生动作电位，通过兴奋-收缩耦联，导致肌肉收缩。本实验通过引导神经的动作电位和记录肌肉的收缩曲线，证明神经冲动通过接头处的化学传递引起肌肉收缩。当用箭毒或琥珀酰胆碱等 N 受体阻断剂阻断神经肌肉接头的兴奋传递时，可使肌肉失去收缩能力。

【实验对象】

蛙或蟾蜍。

【实验器材与药品】

生物信号采集处理系统，蛙类手术器械，神经标本屏蔽盒，张力换能器，支架，双凹夹，箭毒，任氏液。

【实验方法与步骤】

1. 制备坐骨神经腓肠肌标本（参见实验1）。
2. 连接实验装置
（1）将离体坐骨神经腓肠肌标本固定在屏蔽盒中。
（2）腓肠肌的跟腱结扎线固定在张力换能器的应变片上，张力换能器与生物信号采集处理系统的通道2相连。
（3）坐骨神经搭在刺激、接地和引导电极上，刺激电极与生物信号采集处理系统的刺激输出相连,引导电极与系统的通道1相连。

3. 记录神经动作电位与肌肉收缩曲线

(1)打开计算机,启动生物信号采集处理系统,点击菜单"实验 / 实验项目",按计算机提示进入"神经动作电位与肌肉收缩"的实验项目。按表2-3进行本实验参数设置。

表2-3 实验参数设置

采样	参数		刺激	参数
显示方式	记录仪		刺激方式	主周期刺激
采样间隔	25μs		主周期	5s
X轴压缩比	20∶1~100∶1		波宽	0.1ms
采样通道	1	2	幅度	0.5V
DC/AC	AC	DC	间隔	50ms
处理名称	动作电位	张力	脉冲数	1
放大倍数	200~1 000	50~100	延时	1ms
Y轴压缩比	4∶1	4∶1	周期数	连续

(2)记录神经动作电位与肌肉收缩曲线,观察神经干动作电位波形的稳定性、腓肠肌的兴奋性。

【实验观察项目】

1. 观察神经肌肉接头兴奋的传递 电刺激坐骨神经,观察神经干动作电位波形、腓肠肌的收缩曲线和刺激标记以及三者之间的时间关系,计算从动作电位的起点到肌肉收缩起点的时差。

2. 观察神经肌肉接头兴奋传递的阻滞 在腓肠肌的两端各注射箭毒0.1ml(1mg),并用浸泡有箭毒的一薄层棉花盖于腓肠肌上,每隔1分钟刺激坐骨神经一次,观察多少分钟后,只出现神经干动作电位,而不出现腓肠肌收缩。此时再直接电刺激腓肠肌,观察腓肠肌收缩情况。

【注意事项】

1. 在实验过程中经常滴加任氏液湿润标本,以保持标本良好的兴奋性。
2. 保持神经与电极接触良好。

【思考题】

1. 为什么使用箭毒后只出现神经干动作电位而不出现腓肠肌收缩?
2. 为什么在使用箭毒后直接电刺激腓肠肌仍能观察到肌肉的收缩?

实验 7　红细胞沉降率的测定

【实验目的】

学习和熟悉红细胞沉降率的测定方法,掌握红细胞悬浮稳定性和红细胞沉降率的概念和原理。

【实验原理】

红细胞比重(1.090～1.098)大于血浆(1.025～1.030),红细胞将因重力作用而下沉,但正常时下沉的速度十分缓慢。红细胞能悬浮于血浆中不易下沉的特性,称为悬浮稳定性。通常以红细胞在第 1 小时末下沉的距离(高度)表示红细胞的沉降速度,即红细胞沉降率,简称血沉(ESR)。若以长管法(Westergren 法)检测 ESR,则男性为 0～15mm/h,女性为 0～20mm/h。红细胞的沉降率越大,表示其悬浮稳定性越小。

红细胞的悬浮稳定性,来源于双凹圆碟形的红细胞在下降时与血浆的摩擦阻力和红细胞间同性表面电荷所产生的排斥力。某些疾病(如活动性肺结核、风湿热、晚期癌症等)血沉加快,是由于多个红细胞以凹面相贴,形成红细胞叠连。红细胞的叠连会使细胞表面积与容积比值减小,进而使红细胞与血浆的摩擦阻力下降,故血沉加快。

【实验对象】

家兔。

【实验器材与药品】

1. 实验器材　Westergren's 沉降管,固定架,小吸管,试管架,5ml 注射器 1 个,棉签,定时钟。
2. 实验药品　3.8% 枸橼酸钠液,75% 乙醇,碘酒。

【实验方法与步骤】

1. 采血　首先将抗凝剂 3.8% 枸橼酸钠液 0.4ml 加入试管中,用注射器从家兔静脉抽取血液 2ml,继而准确地将 1.6ml 血液注入试管中,采用颠倒试管的方法使血液与抗凝剂充分混匀。

2. 向 Westergren's 沉降管注血　从血沉架上取下 1 支 Westergren's 沉降管,用吸管从试管中吸取血液注入 Westergren's 沉降管,直至使血液达沉降管 "0" 点为止。将沉降管垂直竖立并固定在血沉架上静置,并开始记时。

【实验观察项目】

1. 从记时开始,观察 Westergren's 沉降管内血浆层的高度。至 Westergren's 沉降管静置 1 小时为止,立即观察此刻 Westergren's 沉降管内血浆层的高度,记下数值,此值即为 ESR 值。读取 ESR 值时,若红细胞上端成斜坡或呈尖峰形时,应选取中间水平为确定值。

2. 填写 ESR 测定报告表,内容包括:姓名、性别、年龄、ESR 值。

【注意事项】

1. 本实验应在室温条件(20~25℃)下进行,以排除温度对实验的影响。

2. 采用颠倒试管法混匀血液与抗凝剂一般为 3~4 次,并避免剧烈振荡,以免破坏红细胞,影响实验结果。

3. 向 Westergren's 沉降管注血时,沉降管血内不能有气体混入。

【思考题】

红细胞沉降率的正常值,以及异常变化的意义。

实验 8　红细胞渗透脆性实验

【实验目的】

观察正常红细胞渗透脆性的具体表现,提高对红细胞渗透脆性原理和意义的认识。

【实验原理】

红细胞在低渗溶液中发生膨胀、破裂和溶血的特性,称为渗透脆性。渗透脆性可用来表示红细胞对低渗溶液的抵抗能力,渗透脆性大,表示红细胞对低渗溶液的抵抗力小;反之,渗透脆性小,则表示红细胞对低渗溶液的抵抗力大。红细胞渗透脆性的大小主要与红细胞表面积 / 容积的比值、膜的弹性有关,衰老的红细胞、球形红细胞渗透脆性增大。

正常成人的红细胞,一般在 0.42%~0.46% 的 NaCl 溶液中开始溶血,在 0.32%~0.34% 的 NaCl 溶液中完全溶血。在某些患溶血性疾病的病人,红细胞开始溶血和完全溶血的 NaCl 溶液浓度均比正常人高,表明红细胞膜的渗透脆性增大。实验表明,衰老的红细胞和 4℃保存超过 42 天的红细胞渗透脆性大。

【实验对象】

家兔。

【实验器材与药品】

试管架,2ml 吸管,小试管 10 支,2ml 注射器 1 个,荧光记号笔,1%NaCl 溶液,蒸馏水。

【实验方法与步骤】

1. 制备低渗盐溶液　采用荧光记号笔将小试管 10 支依序标记号码,顺序置于试管架上。按照表 2-4 所示的配制方法和药物剂量,依序向试管加入 1%NaCl 溶液和蒸馏水,便配制好不同浓度的低渗盐溶液(每支试管 2ml)。

表2-4 低渗 NaCl 溶液的配制

试剂＼试管号	1	2	3	4	5	6	7	8	9	10
1%NaCl 溶液（ml）	1.80	1.60	1.20	1.00	0.92	0.84	0.76	0.68	0.64	0.50
蒸馏水（ml）	0.20	0.40	0.80	1.00	1.08	1.16	1.24	1.32	1.36	1.50
NaCl 溶液浓度（%）	0.90	0.80	0.60	0.50	0.46	0.42	0.38	0.34	0.32	0.25

2. 采血并滴入试管　首先采用 2ml 注射器从家兔的耳缘静脉采血。然后，向每一个试管滴入 1 滴血液，并使各试管的低渗 NaCl 溶液与血液充分混合，在室温下放置 1 小时。

【实验观察项目】

1. 观察试管混合液的颜色，以确定发生溶血时的 NaCl 溶液的浓度。

（1）试管内液体有明确的颜色分层现象，即上层为近于无色或极淡红色，而下层为浑浊红色，表明红细胞没有溶解。

（2）若试管内液体的上层出现透明红色，而下层为浑浊红色，表明部分红细胞破坏和溶解，为不完全溶血。注意观察开始出现不完全溶血的 NaCl 溶液浓度，即可确定为红细胞的最小渗透抵抗力，也即红细胞的最大渗透脆性。

（3）若试管内液体完全变为透明红色，表明红细胞完全被破坏和溶解，即完全溶血。引起完全溶血的最低 NaCl 溶液浓度，即可确定为红细胞的最大渗透抵抗力，也即红细胞的最小渗透脆性。

2. 记录红细胞的渗透脆性范围，即开始出现不完全溶血的 NaCl 溶液浓度和完全溶血的最低 NaCl 溶液浓度。

【注意事项】

1. 本实验须在室温下进行。
2. 吸管、小试管、注射器应保证清洁干燥。
3. 实验中取液和采血必须准确，否则将因实验的误差而失去该实验的意义。
4. 向试管滴入血液后，可轻轻摇匀液体，避免剧烈震荡。
5. 观察实验结果应在光线明亮处进行。

【思考题】

红细胞的渗透脆性与红细胞渗透抵抗力的关系是什么？

实验 9　出血时间和凝血时间的测定

【实验目的】

学习出血时间和凝血时间的测定方法，加深对生理性止血的认识。

【实验原理】

出血时间是指刺破皮肤毛细血管,血液自行流出一直到自行停止所需的时间。当机体受损出血时,机体将启动生理性止血机制。生理性止血过程主要包括血管收缩、血小板止血栓形成和血液凝固 3 个时相。血管损伤时,受损伤的血管立即发生收缩,血管管径变小,血流缓慢,有助于血小板发生黏附、聚集形成较松软的血小板止血栓;血小板释放的血管活性物质,如 5- 羟色胺、TXA_2 等,促进血小板黏附和聚集的同时,血小板为凝血因子反应提供磷脂表面,吸附大量凝血因子,加速凝血过程,局部形成坚实的止血栓,使出血停止。正常人出血时间为 1～4 分钟,出血时间延长常见于血小板数量减少或毛细血管功能受损。

凝血时间是指血液流出体外至血液凝固所需要的时间。凝血时间则反映血液凝固过程是否正常,而与血小板数量或毛细血管脆性关系较小。正常人凝血时间为 2～5 分钟,凝血时间延长可反映凝血因子缺乏或异常的疾病。

【受试对象】

人。

【器材与药品】

消毒采血针或三棱针,载玻片,消毒滤纸条,消毒棉球,大头针,秒表,4% 碘酒,75% 乙醇。

【方法与步骤】

1. 出血时间的测定

（1）以 4% 碘酒和 75% 乙醇消毒耳垂或无名指指端腹侧,待乙醇挥发后,用消毒采血针(或三棱针)刺入皮肤 2～3mm 深,即可见血液自然流出。从血液自然流出时刻起立即记时。

（2）从开始记时起,每隔 30 秒用消毒滤纸条吸干流出的血液 1 次,直至吸不到血液为止。

（3）记录开始出血至止血的时间,也可用滤纸上的血液点数乘以 0.5 来计算,其结果即为出血时间。

2. 凝血时间的测定　以 4% 碘酒和 75% 乙醇消毒耳垂或无名指指端腹侧,待乙醇挥发后,用消毒采血针(或三棱针)刺入皮肤 2～3mm 深,使血液自然流出,用消毒干棉球轻轻拭去第 1 滴血液,待血液重新自然流出时,立即开始记时。以清洁干燥的载玻片接取第 1 滴血液。2 分钟后,每隔 30 秒用采血针挑血 1 次,直至挑起细纤维状的血丝为止,表示开始凝血,记录血液自然流出到挑起细纤维状血丝的时间即为凝血时间。

【注意事项】

1. 采血时必须严格消毒,防止感染。
2. 采血时应让血液从皮肤创口中自然流出,不可挤压。

3. 用针尖挑血时应向一个方向横穿直挑,切勿向多个方向挑动,以免破坏纤维蛋白网结构,导致不凝血或凝血时间延长的假象。

【思考题】

出血时间和凝血时间延长有何临床意义?

实验10 血液凝固及其影响因素

【实验目的】

掌握血液凝固的基本过程;熟悉影响血液凝固的因素。

【实验原理】

血液凝固简称血凝,指血液由流动的液体状态变成不能流动的凝胶状态的过程。血凝最终表现是纤维蛋白的生成。纤维蛋白交织成网,把血细胞网罗其中,生成血凝块。血液凝固过程是由许多凝血因子参加的连续化学反应。血凝基本可以分为凝血酶原激活物的形成、凝血酶(Ⅱa)形成和纤维蛋白(Ⅰa)形成三个阶段。影响血液凝固的因素有很多,如①温度:在一定范围内,温度降低可使血凝过程中酶活性下降,虽不能完全阻止血凝,但可延缓血凝,温度升高则可使酶活性提高而加速血凝;②接触面的光滑程度:接触粗糙的表面可增加血小板的聚集和释放,加快凝血;③血浆 Ca^{2+} 是凝血因子Ⅳ,草酸钾(或柠檬酸钠)均可与 Ca^{2+} 生成不易离解的可溶性络合物以去掉血浆中游离的 Ca^{2+},以阻止血凝。

【实验对象】

家兔。

【实验器材与药品】

1. 实验器材 兔手术台,哺乳动物手术器械1套,带内芯的静脉套管,恒温水浴箱,20ml 注射器,试管5支,50ml 小烧杯2只,滴管,缠有橡皮条的玻璃棒1支,镊子,棉花,记号笔,碎冰。

2. 实验药品 0.5%肝素生理盐水,3.8%柠檬酸钠溶液,0.025mol/L $CaCl_2$,20%氨基甲酸乙酯,液体石蜡。

【实验方法与步骤】

1. 实验器材准备

(1)取小试管5支置于试管架上,用记号笔依序编号。

(2)取50ml 小烧杯1只,放入碎冰半杯,取1号试管置入杯中预冷,作为"冷管"备用。

(3)调好恒温水浴箱,使水温调定于 37℃。取2号试管置入恒温水浴箱作为"温管"备用。

（4）取 3 号试管,用滴管吸取液体石蜡滴入,转动试管,使液体石蜡均匀涂于管壁上,作为"液体石蜡管"备用。

（5）取 4 号试管,放少许棉花,作为"棉花管"备用。

（6）取 5 号试管,滴入 3.8% 柠檬酸钠溶液 0.1ml,备用。

2. 家兔颈静脉插管(方法见第一章第五节插管技术),留置,以备随时取血。

【实验观察项目】

1. 血液凝固过程分析　由家兔颈静脉套管拔出内芯,放血 10ml,分别注入备好的 2 只烧杯内。烧杯 1 血液静置,观察血液凝固现象;在烧杯 2,采用缠有橡皮条的玻璃棒搅拌血液,可见纤维蛋白丝缠绕在橡皮条上,观察血液是否会凝固。15 分钟后,用水冲洗橡皮条,观察纤维蛋白。

2. 影响血液凝固的因素

（1）温度对血液凝固的影响:取已经预冷和预热的试管,由家兔颈静脉套管放血,向"冷管"和"温管"分别注入 1ml 血液,并立即将"冷管"再次放入盛有碎冰块的烧杯内;将"温管"放入 37℃ 的恒温水浴中,观察血液凝固时间,比较之。

（2）接触面的光滑程度对血液凝固的影响:由家兔颈静脉套管放血,向"液体石蜡管"和"棉花管"分别注入 1ml 血液,观察血液凝固情况。

（3）Ca^{2+} 对血液凝固的影响:由家兔颈静脉套管放血,向滴有柠檬酸钠的 5 号试管内注入 1ml 血液,混匀,观察血液是否会凝固。15 分钟后,若血液不凝固,则向管内加入 0.025mol/L $CaCl_2$ 2～3 滴,观察血液是否会凝固。

【注意事项】

1. 实验用的玻璃器皿,如试管、烧杯滴管和注射器要保证洁净和干燥。

2. 计时要准确。

【思考题】

1. "冷管"和"温管"的血液凝固效应有何不同,为什么?

2. "液体石蜡管"和"棉花管"的血液凝固效应有何不同,为什么?

实验 11　ABO 血型的鉴定

【实验目的】

学习采用标准血清测定 ABO 血型的方法,观察红细胞凝集现象,加深对鉴定 ABO 血型重要性的认识。

【实验原理】

若将血型不相容的血液滴在玻片上混合,其中的红细胞就会凝集成簇,这种现象称为红细胞凝集。当血型不相容的血液输入人体时,血管内可发生同样的情况,其结果可危及生命,临床上称之为输血反应。因此,为了保证输血的安全,避免输血反应,在准备输血时,首先应鉴定 ABO 血型。

红细胞凝集的本质是抗原 - 抗体反应,凝集原在凝集反应中起抗原的作用,故称为凝集原,即血型抗原。能与红细胞膜上的凝集原起反应的特异抗体则称为凝集素,即血型抗体。

将受试者的红细胞加入已知的标准 A 型血清(含抗 B 凝集素)和标准 B 型血清(含抗 A 凝集素)中,分别观察有无凝集现象。根据红细胞凝集的抗原 - 抗体反应原理,则可判定受试者红细胞膜所含的凝集原,从而确定受试者血型,即红细胞膜上只含凝集原 A 者为 A 型,只含有凝集原 B 者为 B 型,既有凝集原 A、又有凝集原 B 者为 AB 型,既无凝集原 A、又无凝集原 B 者为 O 型。

【受试对象】

人。

【器材与药品】

1. 实验器材 显微镜,验血玻片,采血针,滴管,小试管,玻璃棒 2 支,消毒棉球。
2. 实验药品 A 型标准血清和 B 型标准血清,75% 乙醇,生理盐水。

【方法与步骤】

1. 用滴管吸取 A 型标准血清和 B 型标准血清各 1 滴,分别滴在验血玻片左右两侧的圆圈内,左侧滴入 A 型标准血清,右侧滴入 B 型标准血清。

2. 在采血处严格按照消毒规则和程序消毒,而后用消毒采血针刺受试者耳垂(或食指尖),取 1～2 滴血至盛有 1ml 生理盐水的试管内,混匀而成红细胞悬液。

3. 吸取红细胞悬液,滴向验血玻片两侧的标准血清上,然后用玻璃棒将红细胞悬液和标准血清混匀,并轻轻摇动验血玻片,务必使红细胞悬液和标准血清充分混匀。

4. 混匀 10 分钟后用肉眼观察有无凝集现象发生,并进一步采用显微镜(低倍下)观察。若无明显凝集现象发生,再次用玻璃棒将红细胞悬液和标准血清混匀,30 分钟后,再次按上述方法重复观察。

5. 最后根据验血玻片两侧的反应情况判定受试者血型(图 2-8)。

【注意事项】

1. 消毒棉球,采血针应进行高压灭菌消毒。
2. 对受试者的采血处消毒要严格认真。采血动作要轻巧。
3. 采血针刺后的第 1、2 滴血,要用消毒棉球擦去,弃之不用,要采用随后流出的血液。

【思考题】

血型鉴定的实际意义是什么?

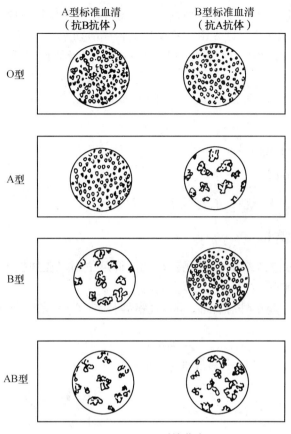

图2-8　ABO血型的鉴定

实验12　蛙类心脏起搏点分析

【实验目的】

采用结扎法,观察蛙类心脏起搏点,加深对正常心脏起搏点及其兴奋传导的认识。

【实验原理】

心脏各部自律细胞自律性频率存在着差别,其中窦房结的自律性最高,房室交界和房室束及其分支次之,浦肯野纤维的自律性最低。生理条件下,窦房结产生的节律性冲动按一定顺序传播,引起心脏其他各部位心肌细胞兴奋,产生与窦房结P细胞一致的节律性活动,因此,窦房结被称为正常起搏点。窦房结控制下产生的心脏节律性活动,称为窦性心律。窦房结发出激动后,通过心肌细胞的传导,相继引起心房和心室的兴奋与收缩,即所谓"窦→房→室"顺序的兴奋与传导。蛙类心脏的起搏点是静脉窦。

窦性心律下,心脏其他自律组织均处于窦房结P细胞控制之下,而其本身的自律性并不表现,只起传导兴奋的作用,故窦房结P细胞以外心脏其他自律组织被称为潜在起搏点。在异常情况下,如窦房结P细胞自律性下降,或窦房结P细胞的兴奋下传受阻(传导阻滞),此时潜在起搏点则可取代窦房结P细胞的功能而表现自律性,以维持心脏的兴奋和搏动,这时潜在起搏点就称为异位起搏点,其表现的心搏节律称为异位节律。当窦房结功能障碍,停止发放冲动或下传受阻后,则先由房室交界的自律活动来替代,产生房室交界性心律;若窦房结和房室交界自律功能均发生障碍时,则由心室自身的自律活动来替代,产生心室自身心律。

【实验对象】

蛙或蟾蜍。

【实验器材与药品】

蛙类手术器械,蛙板,烧杯,棉球及棉线,任氏液。

【实验方法与步骤】

1. 暴露蛙心 取蛙或蟾蜍,毁坏脑和脊髓,仰卧位固定在蛙板上。从剑突下将胸部皮肤向上剪开,再剪掉胸骨,打开心包,暴露蛙心。

2. 按图2-9所示,观察蛙心各部,重点观察静脉窦、心房、心室等3个部位。

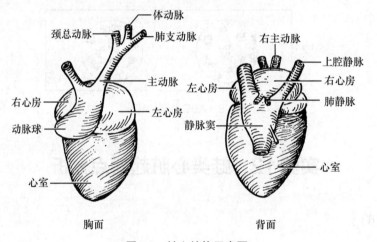

图2-9　蛙心结构示意图

【实验观察项目】

1. 观察静脉窦、心房、心室跳动的先后顺序,并计数它们在单位时间内跳动的次数。

2. 在主动脉干下穿一条棉线,沿静脉窦与心房交界处的半月线(窦房沟)进行第1次结扎,阻断静脉窦与心房之间兴奋的传导,可见心房、心室停止跳动,而静脉窦仍在跳动。继续观察静脉窦、心房、心室活动情况,并随时用任氏液滴加于静脉窦、心房、心室。

3. 待心房、心室恢复跳动(一般在结扎后15～20分钟)后,观察并计数静脉窦、心房、心室它们在单位时间内跳动的次数。

4. 在心房与心室之间的房室沟处进行第2次结扎,阻断心房与心室之间兴奋的传导,可见心室停止跳动,而静脉窦和心房仍在跳动。继续观察静脉窦、心房、心室活动情况,并随时用任氏液滴加静脉窦、心房、心室。

5. 待心室恢复跳动后,观察并计数静脉窦、心房、心室它们在单位时间内跳动的次数。

【注意事项】

1. 整个实验过程中,注意随时滴加任氏液,以保持蛙心的兴奋性。
2. 每一次结扎都应扎紧,以完全阻断兴奋的传导。

【思考题】

结扎后,心房或心室停止跳动,经过一段时间后,又恢复跳动,为什么?

实验 13　蛙类心室期前收缩与代偿间歇

【实验目的】

通过在蛙类心脏活动的不同时期给予刺激,观察其心脏在兴奋过程中其兴奋性的周期性变化。

【实验原理】

心肌细胞每产生一次兴奋,其兴奋性随膜通道状态的变化而发生周期性的变化。如果在窦性心律兴奋的有效不应期之后,心室受到生理或病理性的额外刺激,心室则可产生一次提前的兴奋和收缩称为期前兴奋或期前收缩。

期前兴奋也有它自己的有效不应期,当紧接在期前兴奋之后的一次窦房结兴奋传到心室时,常常恰好落在期前兴奋的有效不应期内,因而不能引起心室兴奋和收缩,形成一次脱失,必须等到下一次窦房结兴奋传到心室时才能引起心室收缩。这样,在一次期前收缩之后往往出现一段较长的心室舒张期,称为代偿间歇。

【实验对象】

蛙或蟾蜍。

【实验器材与药品】

生物信号采集处理系统,张力换能器,刺激电极,蛙类手术器械,支架,蛙心夹,滴管,任氏液。

【实验方法与步骤】

1. 制备蛙心标本
（1）取蛙或蟾蜍,毁坏脑和脊髓,仰卧位固定在蛙板上。从剑突下将胸部皮肤向上剪开,再剪掉胸骨,剪开心包,暴露心脏,用任氏液湿润心脏表面。
（2）在心室舒张时将带有连线的蛙心夹夹住心尖,把连线与张力换能器相连。注意保持连线一定的松紧度,将刺激电极固定于万能支架,使其两极和心室接触。
2. 连接实验仪器装置　将张力换能器与生物信号采集处理系统相连。刺激电极与生物信号采集处理系统的刺激输出相连（图2-10）。

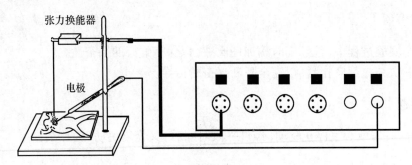

图2-10　蛙心期前收缩实验装置连接图

3. 记录蛙心正常收缩曲线

（1）打开计算机，启动生物信号采集处理系统，点击菜单"实验／实验项目"，按计算机提示进入"心室期前收缩与代偿间歇的观察"的实验项目。按表2-5进行本实验参数设置。

表2-5　实验参数设置

采样	参数	刺激	参数
显示方式	记录仪	刺激方式	单刺激
X轴压缩比	50：1	波宽	5ms
采样通道	1	幅度	0.5V
放大倍数	50～100		
Y轴压缩比	4：1		

（2）记录蛙心正常收缩曲线，观察曲线的收缩期和舒张期，以及蛙心收缩的节律和频率。

【实验观察项目】

1. 描记正常蛙心收缩曲线，作为基础对照。

2. 采用中等强度的单刺激分别在心室收缩期和舒张早期刺激心室，观察能否引起期前收缩。

3. 采用同等强度的刺激在心室舒张早期之后刺激心室，观察有无期前收缩的出现，如果能引起期前收缩，观察其后是否出现代偿间歇。

【注意事项】

1. 破坏脑和脊髓要彻底。

2. 注意滴加任氏液，以保持蛙心的兴奋性。

【思考题】

1. 在心室收缩期和舒张早期刺激心室能否引起期前收缩？

2. 期前收缩之后是否一定出现代偿间歇？

实验14　离子和药物对离体蛙心节律活动的影响

【实验目的】

学习制备离体蛙心和蛙心灌流的方法,观察某些离子和药物对离体蛙心节律活动的影响。

【实验原理】

心肌细胞的生物电活动与Na^+、K^+、Ca^{2+}等离子活动有密切的关系,心肌电生理特性(自律性、传导性和兴奋性)和机械特性(收缩性)也与Na^+、K^+、Ca^{2+}等离子活动有密切的关系。心脏的功能活动直接受自主神经(其主要递质是去甲肾上腺素、乙酰胆碱)和肾上腺髓质激素(肾上腺素、去甲肾上腺素)等体液因素的调节。

【实验对象】

蛙或蟾蜍。

【实验器材与药品】

1. 实验器材　生物信号采集处理系统,张力换能器,蛙类手术器械,支架,蛙板,蛙心插管,蛙心夹,蛙钉,滴管,棉球及丝线等。

2. 实验药品　任氏液,2%氯化钙溶液,0.65%氯化钠溶液,1%氯化钾溶液,0.01%肾上腺素溶液,0.01%乙酰胆碱溶液。

【实验方法与步骤】

1. 制备离体蛙心标本　按第一章第五节"离体蛙心制备"的方法制备离体蛙心。

2. 连接实验仪器装置　用双凹夹将离体蛙心固定在支架上。在舒张期用蛙心夹夹住心尖部,将蛙心夹引线与张力换能器相连,张力换能器连接到生物信号采集处理系统(图2-11)。

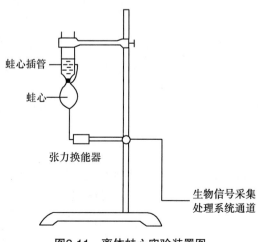

蛙心插管

蛙心

张力换能器

生物信号采集
处理系统通道

图2-11　离体蛙心实验装置图

3. 记录离体蛙心正常收缩曲线

（1）打开计算机，启动生物信号采集处理系统，点击菜单"实验／实验项目"，按计算机提示进入"离子和药物对离体蛙心影响"的实验项目。按表2-6进行本实验参数设置。

表2-6　实验参数设置

采样	参数
显示方式	连续记录
采样间隔	20ms
采样通道	1（DC）
处理名称	张力
放大倍数	100
X轴压缩比	50∶1～100∶1
Y轴压缩比	2∶1～8∶1

（2）记录离体蛙心正常收缩曲线，观察离体蛙心收缩的节律、频率和强度。

【实验观察项目】

1. 描记正常蛙心收缩曲线作为基础对照。

2. 观察离子对蛙心正常收缩曲线的影响

（1）向离体蛙心插管滴加2%氯化钙溶液1～2滴，观察蛙心收缩曲线的改变。

（2）向离体蛙心插管滴加0.65%氯化钠溶液1～2滴，观察蛙心收缩曲线的改变。

（3）向离体蛙心插管滴加1%氯化钾溶液1～2滴，观察蛙心收缩曲线的改变。

3. 观察药物对蛙心正常收缩曲线的影响

（1）向离体蛙心插管滴加0.01%肾上腺素溶液1～2滴，观察蛙心收缩曲线的改变。

（2）向离体蛙心插管滴加0.01%乙酰胆碱溶液1～2滴，观察蛙心收缩曲线的改变。

【注意事项】

1. 每项实验项目可先滴加1滴药液，观察效应，作用不明显时再补加药液，以免过量。

2. 每项实验项目观察到效应后，应立即用任氏液灌洗心脏，直至恢复到正常收缩曲线时，再进行下一项实验。

3. 实验过程中，要在离体蛙心表面滴加适量的任氏液，以保持离体蛙心表面湿润。

【思考题】

1. 钙、钠、钾等因素对蛙心收缩曲线有何影响，其机制是什么？

2. 乙酰胆碱、肾上腺素对蛙心收缩曲线有何影响，其机制是什么？

实验 15　人体心脏听诊

【实验目的】

学习人体心脏听诊方法,掌握人体心脏听诊的步骤和内容;熟悉正常人体心音的特点及听取要领;了解心音听诊的意义。

【实验原理】

心动周期中,由于心肌收缩和舒张、瓣膜启闭、血流冲击心室壁和大动脉壁,及形成湍流等因素引起的机械振动,通过周围组织传播到胸壁,如将耳紧贴胸壁或用听诊器置于胸壁一定部位,所听到的声音称为心音。

【受试对象】

人。

【器材】

听诊器,体检床。

【方法与步骤】

1. 熟悉听诊器的结构　1816 年法国医生兰尼克(Laënec)首先创造了木制单筒听诊器,1898 年 Bazzi-Bianchi 发明了双管听诊器。现代听诊器即为双管听诊器,系由胸件、管道和耳塞 3 个器件组成。胸件是拾取心音的部分,一般分为膜式和钟式两种。膜式听诊器适用于听取高频振动的心音;钟式听诊器适用于听取低频振动的心音。使用时宜轻放,忌紧压皮肤,形成"皮肤膜",以滤掉低频部分。管道是声音传导的路径,宜选取适当硬度的硅胶管,以提高心音的响亮度。听诊器总长度不宜过长,一般不超过 50cm,胶管长度不宜超过 30cm。耳塞是听诊器与外耳道相接触的部件,要求角度合适,佩带紧密而舒适。

2. 熟悉心脏听诊区　心脏瓣膜体表投影区的位置(解剖位置)与心脏听诊区的位置并不完全一致(图 2-12)。通常临床习用的心脏瓣膜最佳听诊区主要有 5 个:①左房室瓣听诊区(二尖瓣听诊区)位于左锁骨中线第 5 肋间交点内侧;②右房室瓣听诊区(三尖瓣听诊区):位于胸骨下部第 4、5 肋间或胸骨左缘区;③肺动脉瓣听诊区:位于第 2 肋间隙胸骨左缘;④主动脉瓣听诊区:位于第 2 肋间隙胸骨右缘;⑤第二主动脉瓣听诊区:位于第 3 肋间隙胸骨左缘。

3. 掌握心音的组成及特点

(1)第一心音:发生在收缩期之初,标志着心室收缩的开始。其特点是:音调较低,音频为 40～60Hz,持续时间较长,历时约 0.14 秒。第一心音形成的原因包括心室肌的收缩、房室瓣突然关闭以及随后射血入动脉等引起的振动。第一心音听诊的最佳部位在左房室瓣听诊区和右房室瓣听诊区。图 2-12 标示出心脏各瓣膜位置投影及其听诊区。

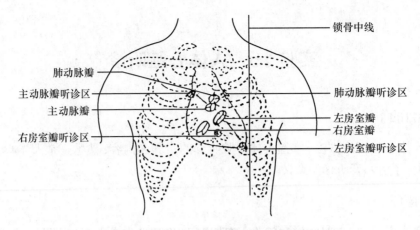

图2-12　心脏各瓣膜位置投影及其听诊区

在心音图上，第一心音包括 4 个成分：①低频低幅的振动波，由心肌收缩所引起；②高频高幅的振动波，由左房室瓣关闭和左侧房室血流突然中断所致；③高频高幅的振动波，由右房室瓣关闭和右侧房室血流中断而引起；④低频低幅的振动波，由心室射血引起大血管扩张及产生的湍流而引发。

（2）第二心音：发生在舒张期之初，标志着舒张期的开始。第二心音形成原因是动脉瓣关闭，大动脉中血流减速和室内压迅速下降而引起的振动。第二心音的最佳听诊部位是主、肺动脉瓣听诊区。其特点是：音调较高，频率为 50～100Hz，持续时间较短，历时约 0.08 秒。

（3）第三心音：发生在快速充盈期末，可能由于心室快速充盈末血流速度突然减慢引起室壁和瓣膜发生振动而产生。在某些健康儿童和青年人有时可听到第三心音，特别是运动或平卧位时，静脉回心血量增加，较易听到。第三心音听诊最响亮的部位在心尖部的右上部。

（4）第四心音：发生在心房收缩之后和心室收缩之前，故也称心房音。在异常有力的心房收缩和左室壁变硬的情况下，心房收缩使心室充盈的血量增加，心室进一步扩张，引起左室肌及二尖瓣和血液的振动，则可产生第四心音。

4. 听取心音的训练

（1）克服胸壁听诊多种声音的交互掩盖作用：在大的声强环境中，听觉器官不能立即感知和辨别出其他较弱的声音，这种现象称为声音的掩盖。初始训练者所遇到的第一个障碍就是克服胸壁听诊多种声音的交互掩盖作用，一般经过反复地专注听取胸壁某一种声音的训练，很快就可以成功克服声音的交互掩盖作用，可以达到欲听取心音则只听心音，而呼吸音和胸壁的其他夹杂音被忽略掉，实际上是对呼吸音发生了适应现象。

（2）心前区各心音听诊区听诊顺序的训练：这种训练看似简单或无所谓，但是掌握正确有序的心脏听诊习惯，使日后临床的听诊不致遗漏某一听诊区，这是听诊技术的第一基础。心前区各心音听诊区听诊顺序，可以是顺时针方向，也可是逆时针方向。这完全由医学生本人根据自己的习惯来决定，但是一经确定，则不可再更改，避免心音听诊区听诊失序。大多数医生的听诊顺序习惯是逆时针方向，即左房室瓣区（心尖部）→肺动脉瓣听诊区→主动脉瓣听诊区→右房室瓣听诊区。

（3）第一心音和第二心音的听诊鉴别：第一心音和第二心音的特点（强度、音调、时限和时距）可作为二者区别的鉴别依据。但是这些特点对于初始训练者掌握起来，绝非易事。因此，必须通过比照定标的方法来进行鉴别和训练：①定标第一心音：由于第一心音发出时与心尖搏动（或颈动脉搏动）几乎是同时的，因此可先把听诊区放在心尖部，然后静心听取与颈动脉搏动（或心尖搏动）同时的心音，即可确定为第一心音。其中以颈动脉搏动比心尖搏动的对照更为方便而可靠，因心尖搏动有时不易扪知。②寸移法：在心尖部确定第一心音后，要对照理论上第一心音的特点，反复体会其持续时间长短和音调高低，然后将听诊器渐渐地一步步地移向心底部，体会、分析和判定第二心音的特点。

5. 心音听诊的意义　通过心音听诊可明确第一心音和第二心音，这是界定收缩期与舒张期的基础。从第一心音开始到第二心音开始这段时期即代表收缩期，而从第二心音开始到下次第一心音开始这段期间即代表舒张期。明确了收缩期与舒张期，方可确定杂音出现的心动周期时间（收缩期、舒张期）和杂音最响亮的瓣膜听诊区，即可判断病变的瓣膜及性质，对诊断心脏瓣膜疾病具有重要的意义。例如，在心尖部（即二尖瓣听诊区）听到舒张期隆隆样杂音，结合病史和有关临床资料则可考虑为二尖瓣狭窄。

【注意事项】

1. 使受试者采取仰卧位，检查者站在诊查床的右侧，也可采取坐位。
2. 避免"人为音响"的干扰，听诊器的胸件应和胸壁皮肤紧贴，中间不得有任何物体（如衣服）相隔，胶管不得与任何物品和身体接触和碰撞。
3. 尽可能避免外界环境噪音的干扰，测试的室内环境务必保持安静。一般较安静的房间噪音水平在 30 分贝（dB）左右。
4. 心脏听诊应在温暖的环境下进行，并且避免过凉的听诊器接触胸壁。冬天听诊，医生应习惯地将胸件用手温暖后，再行听诊，可避免因寒冷刺激引起肌肉收缩，影响听诊效果。

【思考题】

心脏听诊如何鉴别第一心音和第二心音？

实验 16　人体体表心电图记录

【实验目的】

学习人体体表心电图的记录方法，掌握正常人体体表心电图的基本波形及其生理意义；熟悉人体体表心电图的导联；了解体表心电图波形的测量与分析的基本方法。

【实验原理】

每个心动周期中，由窦房结发出的一次兴奋，按一定的途径和时程，依次传向心房和心室，引起整个心脏的兴奋。将引导电极安置在人体的体表记录到的心脏综合电位变化的波形,称为体表心电图。人体体表心电图反映的是一次心动周期中整个心脏的生物电变化,因此心电图上每一瞬间的电位数值,都是很多心肌细胞电活动的综合效应在体表的反映。心电图只反映心脏兴奋的产生、传导和恢复过程中的生物电变化,而与心脏的机械舒缩活动无直接关系。

【受试对象】

人。

【器材与药品】

心电图机,体检床,酒精棉球,导电膏(或生理盐水棉球),分规。

【方法与步骤】

1. 准备工作 顺序如下:①连接心电图机的线路,即电源线 - 心电图机 - 导联线。②接通电源使心电图机预热 5 分钟。③嘱受试者平卧于体检床上,务使精神和全身肌肉充分放松,静卧 5 分钟。④安放电极。首先在电极安放处用酒精棉球擦拭消毒,待酒精挥发干燥后,于局部涂抹导电膏(或生理盐水棉球),以增加导电性能。随后按照以下方式安放和连接电极导联(线)。

肢体导联的探查电极连接方式是:左上肢(黄色电极导联线),右上肢(红色电极导联线),左下肢(绿色电极导联线),右下肢(黑色电极导联线)。胸部导联的探查电极为 6 个,其安置部位如图 2-13 所示。

V_1:探查电极安放在胸骨右缘第四肋间。

V_2:探查电极安放在胸骨左缘第四肋间。

V_3:探查电极安放在 V_2 和 V_4 连线的中点。

V_4:探查电极安放在左锁骨中线与第五肋间相交处。

V_5:探查电极安放在从 V_4 所作的水平线与左腋前线相交处。

V_6:探查电极安放在从 V_4 所作的水平线与左腋中线相交处。

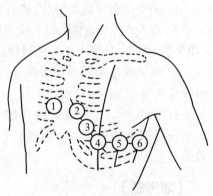

图2-13 胸导联测量电极放置部位示意图

2. 心电图描记 ①定标:心电图记录纸上有横线和纵线划出长和宽均为 1mm 的小方格。记录心电图时,首先调节仪器放大倍数,使输入 1mV 电压信号时,描笔在纵向上产生 10mm 偏移,即纵线上每一小格相当于 0.1mV 的电位差。横向小格表示时间,每一小格相当于 0.04s(即走纸速度为 25mm/s)。②检测:依照导联顺序(Ⅰ、Ⅱ、Ⅲ、aVR、aVL、aVF、V_1、V_2、V_3、V_4、V_5、V_6)按压心电图机上的按钮,便可在记录纸上记录出 12 导联的心电图。各导联在波形上有所不同,但都包括一个 P 波,一个 QRS 波群和一个 T 波,有时在 T 波后,还出现一个小的 U 波。通常每一导联至少要记录 3 组稳定的 P-QRS-T-U 波形(图 2-14)。

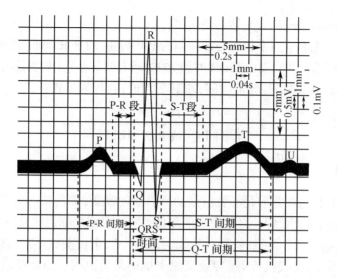

图2-14　正常人典型心电图

【观察项目】

1. 观察心电图波形,测量出心电图各波的电位数值和间隔的时间。通常正常典型心电图的波形及特点如下:

（1）P波:P波波形小而圆钝,历时0.08～0.11s,波幅不超过0.25mV。

（2）P-R间期（或P-Q间期）:是指从P波起点到QRS波起点之间的时程,为0.12～0.20s。

（3）QRS波群:典型的QRS波群,包括三个紧密相连的电位波动:第一个向下的波为Q波,以后是高而尖峭向上的R波,最后是一个向下的S波。但在不同导联中,这三个波不一定都出现,而且各波形状和波幅在不同导联中变化较大。正常QRS波群历时0.06～0.10s。

（4）ST段:从QRS波群终点到T波起点之间的与基线平齐的线段。

（5）T波:通常T波的方向与QRS波群的主波方向相同。波幅一般为0.1～0.8mV,在R波较高的导联中T波波幅不应低于同导联R波波幅的1/10。T波历时0.05～0.25s。

（6）Q-T间期:是指从QRS波群的起点到T波终点的时间,Q-T间期的长短与心率有依从性关系,心率越快,Q-T间期越短。

（7）U波:是T波后0.02～0.04s出现一个低而宽的波;U波方向一般与T波方向一致,波宽约0.1～0.38s,波幅大多在0.05mV以下。

2. 确定主导心律　根据心电图波形特征可确定主导心律。正常情况下,心脏的节律性兴奋是由窦房结引起,即窦性心律。判定窦性心律的心电图特征是:

（1）窦性P波:正常窦性P波,除波形为锥形,顶端圆钝光滑等条件外,标准Ⅱ导的P波（P_{II}）直立（波形向上）,aVR导联的P波（P_{aVR}）倒置（波形向下）。

（2）固定而正常的P-R间期:正常的P-R间期固定在0.12～0.20s之间。

（3）P-P间期固定:正常窦性心律时,P-P间期可有轻度不规则,但P-P间期之间的差别不应超过0.12s。

（4）频率:正常窦性心律的频率为60～100次/分之间。大于100次/分,称为窦性心动过速,而小于 60 次 / 分,称为窦性心动过缓。

3. 测定心率　先测量两个相邻心动周期的 P-P 间期(或 R-R 间期)的时间,然后代入下式计算,求出心率;若 P-P 间期(或 R-R 间期)的时间有明显差别(如窦性心律不齐),需连续量取 5 个 P-P 间期(或 R-R 间期)的时间,求其平均值,再代入下式:

$$心率 = \frac{60}{P\text{-}P \text{间期(或 } R\text{-}R \text{间期)}}(次 / 分)$$

【注意事项】

心电图上有时会出现并非是心脏电激动所引起的改变,即伪差。伪差将直接影响心电图的分析与测量的准确性,因此必须设法消除伪差。这是成功描记和检测心电图的关键。

1. 消除交流电干扰　导线(特别是地线)接触不良,电极安放不牢,或附近有较大的用电设施(大型变压器、X 线机等)是导致交流干扰的常见原因。因此在进行心电图检测之前,应注意远离交流电器设备,接好地线、安放好电极。否则,心电图上会出现纤细而规则的干扰波形。

2. 受试者骨骼肌颤抖可导致心电图出现杂乱而不规则的毛刺状小波,肌颤产生的主要原因是室温过低和精神紧张。因此,心电图检测的环境温度应保持在 20℃ 以上,并嘱受试者身体和精神充分放松。

3. 呼吸不稳所致的心电图基线不稳　呼吸不稳(呼吸频率过快和深度过大)可导致基线漂移,影响心电图检测(特别是 ST 段)的准确性。对于精神紧张所致的呼吸不稳,可嘱受试者暂时屏住呼吸。

【思考题】

1. 窦性心律的心电图特征是什么?
2. 如何通过心电图测定心率?

实验 17　人体动脉血压测定

【实验目的】

学习人体动脉血压测定方法和原理,熟悉血压计的结构和工作原理,掌握人体动脉血压测定的正确方法,并能准确地测取人体肱动脉的收缩压和舒张压。

【实验原理】

动脉血压是指血液对动脉管壁的侧压力。在一个心动周期中,动脉血压随着心室的收缩和舒张而发生规律性波动,产生收缩压和舒张压。血液在血管内流动时没有声音,若在血管外施加压力使血管塌陷,复通时血流将通过相对较窄的管腔,形成湍流,从而产生血管音。本测定方法就是采用最常用的动脉血压测定法——袖带法,即通过血压计的袖带充气以对动脉施加外压,根据血管音的变化测定动脉血压。

【受试对象】

人。

【器材】

血压计,听诊器。

【方法与步骤】

1. 熟悉血压计的结构 血压计包括三个部分,即袖带、加压(橡皮)球和检压计(图 2-15)。水银检压计的主要结构是一连通水银槽的玻璃管,其两侧分别附有 mmHg 和 kPa 的刻度标准。测定动脉血压时,是以血压与大气压作比较,用血压高于大气压的数值表示血压高度,国际标准计量单位为 kPa。但在生理学和医学中,仍习惯用 mmHg 作为血压的计量单位(1mmHg=0.133kPa),因此,目前临床上使用的动脉血压测量计采用两种单位共列的方式。检查水银检压计是否准确,主要看袖带内与大气相通时,水银柱液面是否在零刻度。若不在零刻度,可用滴管加入(或减少)水银贮池内的水银,使之达到零刻度。

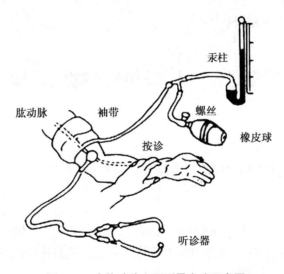

图2-15 人体动脉血压测量方法示意图

2. 动脉血压测量程序 将血压计的袖带展平,排出余气。测量动脉血压有坐姿和卧姿两种。若以坐姿测量,则使受试者右臂伸出,前臂平伸于桌上,并使上臂中段与心脏在同一水平,将袖带缠缚于肘窝上方。旋开血压计下方旋钮导通水银槽与玻璃管,观察水银液面应位于零刻度处。测试者佩戴好听诊器,在肘窝处触及肱动脉后,以左手将听诊器头轻压在袖带下方肱动脉上,以右手握住加压橡皮球并旋紧螺旋阀。随后即可测量受试者的收缩压和舒张压。

【观察项目】

1. 测定收缩压 连续挤压橡皮球,向袖带充气使水银柱缓慢上升,以达到稍高于收缩压(预估)水平位置(但应以听不到声音为度)为止;继而缓慢放气使水银柱缓慢下降,当听到第一声"咚"的声音时,水银检压计的数值即为收缩压。

2. 测定舒张压 继续缓慢放气,随着放气能听到连续而有节奏的声音,当声音突然由强变弱甚至消失时,水银检压计的数值即为舒张压。

【注意事项】

1. 先令受试者静坐 10～15 分钟。

2. 动脉血压测定应在温暖而非常安静的环境下进行。寒冷时会使机体的小血管反射性收缩,导致动脉血压向上浮动,从而影响动脉血压测定的准确度。环境嘈杂会影响动脉血压测定的准确性。

3. 袖带缚于肘横线之上 2～3cm 处,卷缠松紧度适宜,以能插入两个手指为宜。

4. 测量时,袖带放气应以匀齐的速率缓慢进行,否则,第一声和突变声都听不准确,将影响测定的准确度。

5. 动脉血压测定可连续测定 2 次,但必须间隔 3～5 分钟。

6. 测定完毕必须做好善后工作,包括:①将袖带内的气体放净;②旋紧橡皮球的螺旋阀;③关闭血压计下方旋钮;④将袖带和橡皮球缠好放入血压计铁盒内,并关闭铁盒开关。

【思考题】

准确测定动脉血压的要领是什么?

实验 18　人体动脉脉搏图记录

【实验目的】

学习人体动脉脉搏图的记录方法,熟悉正常人体动脉脉搏图的基本波形及其生理意义。

【实验原理】

在每一心动周期中,随着心脏的收缩和舒张,动脉血压发生周期性波动。这种周期性的压力变化可引起动脉血管产生搏动称为动脉脉搏。一般身体的浅表动脉均可触摸到(如颞浅动脉、桡动脉、足背动脉)。

用脉搏描记仪可以记录浅表动脉的脉搏波形,称为脉搏图。采用压力换能器获取的动脉血管压力波动图形为压力脉搏图;采用光电容积换能器获取的动脉血管内血流容积变化图形为容积脉搏图。动脉脉搏图的波形可分为上升支和下降支 2 个主要组成部分。上升支可反映心室快速射血期被探查部位的动脉血压或血流状况;下降支则反映心室减慢射血期和舒张期被探查部位的动脉血压或血流状况。

【受试对象】

人。

【器材与药品】

生物信号采集处理系统,诊查床,压力换能器(硅杯压力换能器),或光电容积换能器,心电导联线，分规，酒精棉球，导电膏（或生理盐水棉球）。

【方法与步骤】

1. 令受试者静卧 10 分钟。

2. 定制实验　打开计算机，启动生物信号采集处理系统，点击菜单"实验 / 实验项目"，按计算机提示进入"人体动脉脉搏图记录"的实验项目。

3. 安放电极、连接系统

（1）在受试者四肢末端安放心电导联电极及导联线。

（2）若记录压力脉搏图，则在受试者腕部桡动脉搏动明显处安放压力换能器；若记录容积脉搏图，则在受试者中指（或食指）安放光电容积换能器。

ECG 和脉搏图分别接入生物信号采集处理系统通道 1 和通道 2 同步记录。

【观察项目】

1. 同步记录 ECG 和脉搏图。

2. 观察和测定 ECG 和脉搏图的波形特征间期与振幅。

（1）测定 ECG 和脉搏图的波形中各波段的间期与振幅。

（2）观察与分析同一时段 ECG 和脉搏图的关系。

【注意事项】

1. 应保持良好的测试环境，即室温在 20～25℃，安静。

2. 记录压力脉搏图时，要注意"取法压力"问题，所谓"取法压力"是指从外部对换能器所施加的压力。取法压力不同，则换能器触头获得脉搏信息的强弱也随之改变，所记录的脉搏图的波幅，甚至波形将会发生改变。通常采用"最适取法"，即在各种取法压力测定下，获取脉搏图最大波幅时所采用的取法（压力）。

【思考题】

何谓"取法压力"和"最适取法"？

实验 19　家兔动脉血压的神经、体液调节

【实验目的】

学习家兔动脉血压的直接测量法，观察影响动脉血压的神经、体液因素，加深对动脉血压神经、体液调节的认识。

【实验原理】

动脉血压是反映机体心脏和血管功能活动的综合指标，因此，临床上通过间接法测定动脉血压，以监测机体的心血管功能。动脉血压的稳定依赖于神经和体液调节的整合调控，如动脉血压的神经反射性调节（如降压反射）即可对短时间内发生的血压变化进行迅速的调节。

【实验对象】

家兔。

【实验器材与药品】

1. 实验器材 生物信号采集处理系统,血压换能器,电子刺激器,保护电极,兔手术台,哺乳动物手术器械1套,动脉夹,动脉导管,支架,手术灯,三通管,注射器(1ml、20ml各1支),烧杯,纱布,丝线。

2. 实验药品 20%氨基甲酸乙酯溶液,0.01%肾上腺素溶液,0.01%去甲肾上腺素溶液,3%盐酸普萘洛尔注射液,0.5%肝素生理盐水。

【实验方法与步骤】

1. 打开计算机,启动生物信号采集处理系统,点击菜单"实验/实验项目",按计算机提示进入"家兔动脉血压的神经、体液调节"的实验项目。按表2-7进行本实验参数设置。

表2-7 实验参数设置

采样	参数	刺激	参数
显示方式	记录仪	刺激方式	串刺激
采样间隔	1ms	时程	5s
X轴压缩比	20∶1	波宽	1ms
采样通道	1	幅度	1V
DC/AC	DC	频率	30Hz
处理名称	血压		
放大倍数	100~200		
Y轴压缩比	4∶1		

2. 将动脉导管和血压换能器相连,以0.5%肝素生理盐水充灌心导管和血压换能器,去除其中的气泡。将血压换能器和刺激电极分别与生物信号采集处理系统连接。

3. 按第一章"哺乳类动物实验中手术的基本操作技术"的方法,对家兔进行以下手术操作:

(1)麻醉和固定。

(2)备皮、剪毛。

(3)颈动脉分离术。

(4)分离两侧迷走神经、交感神经、降压神经。

(5)颈总脉插管术,将充满肝素生理盐水的动脉导管从切口向心脏方向插入颈总动脉,直至动脉夹处。用备用线将动脉导管连同颈总动脉一起扎紧,移去动脉夹,即可看到显示器上显示出波形变化,即压力波动。将动脉导管固定于邻近的组织上,以防脱落。

【实验观察项目】

1. 观察并记录家兔动脉血压变化曲线，作为基本对照。家兔动脉血压变化曲线可见三级波动：

（1）动脉血压一级波（心脏搏动波）：即由心室收缩与舒张所引起的血压波动，与心搏的节律和频率一致。

（2）动脉血压二级波（呼吸波）：由呼吸所引起的血压波动，其波动与呼吸周期和节律一致。

（3）动脉血压三级波：可能与血管运动中枢紧张性活动的周期性改变有关（有时不出现）。

2. 按压颈动脉窦　用手指按压颈动脉窦10秒，观察并记录家兔动脉血压变化曲线。

3. 夹闭颈总动脉　用动脉夹夹闭右颈总动脉10秒，观察并记录家兔动脉血压变化曲线。

4. 刺激降压神经　用保护电极，以适当的频率和强度刺激右侧降压神经，观察并记录家兔动脉血压变化曲线。稍后将右侧降压神经结扎、剪断，并以相同的频率和强度，分别刺激右侧降压神经的近头端和近心端，观察并记录家兔动脉血压变化曲线。

5. 刺激交感神经　用保护电极，以适当的频率和强度刺激右侧交感神经，观察并记录家兔动脉血压变化曲线。稍后将右侧交感神经结扎、剪断，并以相同的频率和强度，分别刺激右侧交感神经的近头端和近心端，观察并记录家兔动脉血压变化曲线。

6. 刺激迷走神经　用保护电极，以适当的频率和强度刺激右侧迷走神经，观察并记录家兔动脉血压变化曲线。稍后将右侧迷走神经结扎、剪断，并以相同的频率和强度，分别刺激右侧迷走神经的近头端和近心端，观察并记录家兔动脉血压变化曲线。

7. 经家兔耳缘静脉注射0.01%肾上腺素溶液0.3ml，观察并记录家兔动脉血压变化曲线。

8. 经家兔耳缘静脉注射0.01%去甲肾上腺素溶液0.3ml，观察并记录家兔动脉血压变化曲线。

9. 刺激内脏大神经　按第一章第五节中之"家兔内脏大神经分离术"方法，分离出内脏大神经，以保护电极将神经钩起，采用适当的频率和强度刺激，观察并记录家兔动脉血压变化曲线。

【注意事项】

1. 整个实验手术过程，必须注意动作要轻巧，避免损伤神经和血管。

2. 实验每一个项目都应在稳定的动脉血压基础水平上进行，即下一次实验操作应在家兔动脉血压恢复到基础水平之后才能进行，以避免结果不准。

【思考题】

1. 夹闭颈总动脉，通过什么机制引起家兔动脉血压改变？

2. 分别刺激降压神经、交感神经、迷走神经的近头端和近心端，家兔动脉血压改变有何不同，为什么？

实验 20　家兔降压神经放电

【实验目的】

学习引导和记录神经放电技术，了解降压神经放电波形的规律性变化。

【实验原理】

降压反射通过负反馈调节机制，可以缓冲血压大幅度的波动，使动脉血压保持相对稳定，而且起经常性调节作用，这对保证脑和心脏等重要脏器的血供具有重要意义。降压神经是降压反射的传入神经之一，在一个心动周期中，随着动脉血压的波动，窦神经的传入冲动频率发生相应的改变。当动脉血压升高时，压力感受器发出的传入冲动增加，通过心血管反射中枢整合，使心交感紧张和交感缩血管紧张减弱，而心迷走紧张加强，导致心率减慢，心肌收缩力减弱，心输出量减少，外周血管舒张，外周阻力降低，结果使动脉血压回降，故该反射又称为降压反射。

【实验对象】

家兔。

【实验器材与药品】

1. 实验器材　生物信号采集处理系统，血压换能器，保护电极，兔手术台，哺乳动物手术器械 1 套，动脉夹，动脉导管，支架，手术灯，三通管，注射器（1ml、20ml 各 1 支），滴管，烧杯，纱布，丝线。

2. 实验药品　20% 氨基甲酸乙酯溶液，0.01% 肾上腺素溶液，0.5% 肝素生理盐水。

【实验方法与步骤】

1. 按第一章"哺乳类动物实验中手术的基本操作技术"的方法，对家兔进行以下手术操作：

（1）麻醉和固定。

（2）备皮、剪毛。

（3）颈总动脉插管术，随后的系统连接以及动脉血压引导及记录方法与实验 20 相同。

（4）分离降压神经，用钩状保护电极悬空钩起降压神经并固定在电极支架上，注意不要牵拉过紧，不要触及周围组织，另一端接入生物信号采集处理系统。将接地线夹在皮肤切口附近组织上。

2. 打开计算机，启动生物信号采集处理系统，点击菜单"实验/实验项目"，按计算机提示进入"家兔降压神经放电与动脉血压的关系"的实验项目。按表 2-8 进行本实验参数设置。

表2-8 实验参数设置

采样	参数	
显示方式	记录仪	
采样间隔	20μs	
采样通道	1（AC）	2（DC）
处理名称	神经放电	血压
放大倍数	10 000～20 000	100～200
X轴压缩比	200：1	200：1
Y轴压缩比	8：1	4：1

3. 系统的连接 动脉血压换能器接到生物信号采集处理系统的通道 1 上，记录动脉血压曲线。保护电极的输出端接到生物信号采集处理系统的通道 2 上，引导和记录降压神经放电波形。调节计算机音箱音量，监听减压神经放电。

4. 同步记录家兔动脉血压与降压神经放电波形（图 2-16）。

图2-16 家兔降压神经放电与动脉血压的关系

上图为降压神经放电；下图为动脉血压波动

【实验观察项目】

1. 观察降压神经放电波形 其特点是群集式放电，大约 3～5 次/s，每次放电呈幅度突然增加，而后逐渐减弱的波形。

2. 监听降压神经放电 其放电伴随的声音类似火车开动的声音。

3. 比较和分析家兔动脉血压变化与降压神经放电之间的关系。

4. 夹闭颈总动脉 观察并记录家兔动脉血压变化曲线和降压神经放电波形。

5. 经家兔耳缘静脉注射 0.01% 肾上腺素溶液 0.3ml，观察并记录家兔动脉血压变化曲线和降压神经放电波形。

【注意事项】

1. 整个实验手术过程，必须注意动作要轻巧，避免损伤神经和血管。

2. 实验每一个项目都应在稳定的动脉血压基础水平上进行，即下一次实验操作应在家兔动脉血压恢复到基础水平之后才能进行，以避免结果不准。

3. 要注意仪器和动物接地良好。

【思考题】

1. 观察、比较和分析家兔动脉血压变化与降压神经放电之间的关系。
2. 分析夹闭颈总动脉后,降压神经放电波形改变的机制。
3. 分析静脉注射 0.01% 肾上腺素溶液后,降压神经放电波形改变的机制。

实验 21　家兔呼吸运动的调节

【实验目的】

通过描记兔呼吸运动曲线,观察某些因素对呼吸运动的影响。

【实验原理】

呼吸运动是呼吸中枢节律性活动的反映。随着机体代谢的需要,呼吸运动产生适应性的变化,从而维持血中 O_2 和 CO_2 的正常水平。体内外各种刺激可以作用于中枢或通过感受器反射性地影响呼吸运动。

【实验对象】

家兔。

【实验器材与药品】

1. 实验器材　生物信号采集处理系统,张力换能器,CO_2 气囊,哺乳类动物手术器械 1 套,兔手术台,手术灯,气管插管,注射器(20ml、5ml 各 1 支),50cm 长的橡胶管 1 条,纱布及线等。
2. 实验药品　生理盐水,20% 氨基甲酸乙酯溶液,3% 乳酸溶液。

【实验方法与步骤】

1. 麻醉与固定　家兔称重后,用 20% 氨基甲酸乙酯溶液,按 5ml/kg 从耳缘静脉缓慢注入麻醉,然后将家兔仰卧固定在手术台上。
2. 颈部手术　颈部剪毛,于颈部正中纵向切开皮肤 5～7cm,钝性分离肌肉组织,暴露气管并分离气管,在第 3～4 气管环之间切开气管,作一倒 "T" 形切口,气管插管并固定。分离两侧迷走神经并穿线备用。手术完毕后用温生理盐水纱布覆盖手术伤口部位。
3. 胸腹部手术　胸腹部剪毛,切开胸骨下端剑突部位的皮肤,并沿腹白线切开约 10cm 左右,打开腹腔,推开腹腔内容物,暴露膈肌。将连接换能器的小钩钩在膈肌上,注意不要扎穿膈肌。换能器的另一端与生物信号采集处理系统的通道 1 连接。
4. 定制实验,记录呼吸运动曲线
(1)打开计算机,启动生物信号采集处理系统,点击菜单 "实验 / 实验项目",按计算机提示进入 "呼吸运动" 的实验项目。
(2)记录家兔呼吸运动曲线,观察呼吸运动的节律、频率和呼吸运动曲线幅度。

【实验观察项目】

1. 描记正常的呼吸运动曲线作为对照,认清曲线和呼吸运动的关系。

2. 增加吸入气中 CO_2 浓度 将装有 CO_2 的气囊管口对准气管插管的另一侧开口,控制放气,观察高浓度 CO_2 对呼吸运动的影响。

3. 低氧 夹闭或堵住气管插管,观察低氧对呼吸运动的影响。

4. 增大无效腔 将橡胶管连接在气管插管的一侧管口上,观察呼吸运动的变化。

5. 增加血液酸度 由耳缘静脉注入 3% 的乳酸 0.5ml,观察呼吸运动的变化。

6. 剪断迷走神经 描记一段对照呼吸曲线,先剪断一侧迷走神经,观察呼吸运动有何变化;再剪断另一侧迷走神经,观察呼吸运动有何变化。

【注意事项】

1. 剪开气管进行气管插管时,要注意止血及气管内的清理。

2. 耳缘静脉注射乳酸时,要选择静脉的远端。注意不要刺破静脉,以免乳酸外漏,引起动物躁动。

3. 实验过程中要注意实验观察项目前后的可比性。每一项观察出现效应后应立即停止,时间不宜过长。

【思考题】

迷走神经在节律性呼吸运动中起什么作用?

实验 22 家兔胸膜腔内压的测定

【实验目的】

观察胸内负压及其在呼吸运动时的周期变化,同时观察人工气胸时胸内负压消失的状况。

【实验原理】

胸膜腔是胸壁与肺之间一个密闭的腔室,胸膜腔内压力低于大气压,称胸内负压。胸内负压随着呼吸运动发生变化,其数值大小可由水检压计内水柱的高度差显示出来。

【实验对象】

家兔。

【实验器材】

连有长胶管的水检压计(胶管另一端连粗注射针头)及实验 22 的相关器材。

【实验方法与步骤】

麻醉并固定动物:用 20% 氨基甲酸乙酯按 5ml/kg 自兔耳缘静脉缓慢注入,待动物麻醉后仰卧固定于手术台,剪去兔右胸侧的毛。

【实验观察项目】

1. 观察胸膜腔负压　检查注射针头是否通畅,连接胶管是否漏气。在右腋前线第 4~5 肋骨上缘将注射针头垂直刺入胸膜腔内。如检压计的水柱面随呼吸运动而上下移动,表示针头已插入胸膜腔内,分别记录平静呼吸时吸气末与呼气末 U 形管两侧水柱的高度差。

2. 观察气胸和肺萎陷　剪去上腹部腹壁,将胃肠推向一侧,透过膈肌观察肺随呼吸一张一缩的情况,然后在膈肌剪开一个小孔,造成开放性气胸,观察肺萎陷和胸内负压的消失情况。

【注意事项】

1. 防止针头插入过深或过猛而伤及肺组织。
2. 若针头刺入胸壁过深,而水柱未见波动,将针头转动一下,仍无效时,退出确认针头是否出现堵塞。

【思考题】

平静呼吸时,为什么胸膜腔内压始终低于大气压?

实验 23　家兔膈肌肌电图描记

【实验目的】

学习家兔膈肌电活动的记录方法,观察不同因素对膈肌电活动的影响及其与呼吸运动的关系。

【实验原理】

膈肌和肋间肌的舒缩活动产生呼吸运动。所以,膈肌的电活动能反映呼吸中枢的活动;膈肌收缩的张力强弱和收缩的频率反映了呼吸运动的深度和频率。体内外不同因素可通过神经和体液调节影响膈肌和呼吸运动的变化。

【实验对象】

家兔。

【实验器材与药品】

1. 实验器材　生物信号采集处理系统,引导电极,呼吸换能器,CO_2,哺乳动物手术器械 1 套,兔手术台,支架,手术灯,气管插管,注射器(1ml、5ml、20ml 各 1 支),50cm 长橡皮管 1 根, 纱布, 丝线等。

2. 实验药品 3% 乳酸溶液, 20% 氨基甲酸乙酯, 生理盐水。

【实验方法与步骤】

1. 麻醉与固定 家兔称重后, 用 20% 氨基甲酸乙酯溶液, 按 5ml/kg 从耳缘静脉缓慢注入麻醉, 然后将家兔仰卧固定在手术台上。

2. 颈部手术 颈部剪毛, 于颈部正中纵向切开皮肤 5~7cm, 钝性分离肌肉组织, 暴露气管并分离气管, 在第 3~4 气管环之间切开气管, 作一倒 "T" 形切口, 气管插管并固定。分离两侧迷走神经并穿线备用。手术完毕后用温生理盐水纱布覆盖手术伤口部位。

3. 胸腹部手术 胸腹部剪毛, 切开胸骨下端剑突部位的皮肤, 并沿腹白线切开 10cm 左右, 打开腹腔, 推开腹腔内容物, 暴露膈肌。将钩状电极钩在膈肌上, 注意不要扎穿膈肌。

4. 连接仪器 将记录膈肌电信号的输入导线连在生物信号采集处理系统的通道 1, 记录膈肌电活动; 记录呼吸变化的换能器一端与 Y 形气管插管一侧连接, 另一端与生物信号采集处理系统的通道 2 连接。

5. 记录膈肌电信号和呼吸运动曲线

(1) 打开计算机, 启动生物信号采集处理系统, 点击菜单 "实验 / 实验项目", 按计算机提示进入 "膈肌肌电图" 的实验项目。按表 2-9 进行本实验参数设置。

表 2-9 实验参数设置

采样	参数	
显示方式	记录仪	
采样间隔	25μs	
采样通道	1 (AC)	2 (DC)
处理名称	肌电	呼吸
放大倍数	1 000~2 000	200~500
X 轴压缩比	64 : 1	4 : 1
Y 轴压缩比	64 : 1	4 : 1

(2) 记录膈肌电信号和呼吸运动曲线, 观察膈肌电信号和呼吸运动的关系。

【实验观察项目】

1. 观察正常膈肌电信号和呼吸运动曲线, 作为基础对照。

2. 增加吸入气中的 CO_2 浓度 将装有 CO_2 气的气囊管口对准气管插管的另一侧开口, 控制放气, 观察膈肌电信号和呼吸运动的变化。

3. 低氧 夹闭或堵住气管插管, 观察膈肌电信号和呼吸运动的变化。

4. 增大无效腔 将橡胶管连接在气管插管的侧管上, 观察膈肌电信号和呼吸运动的变化。

5. 增加血液酸度 由耳缘静脉注入 3% 的乳酸 0.5ml, 观察膈肌电信号和呼吸运动的变化。

6. 剪断迷走神经　剪断一侧迷走神经,观察膈肌电信号和呼吸曲线的变化;再剪断另一侧迷走神经,观察膈肌电信号和呼吸曲线的变化。

【注意事项】

1. 胸部手术和安放电极时,不要将膈肌刺破,以免造成气胸。
2. 每一项实验做完,待呼吸运动恢复后,再继续下步实验,以便前后对照。
3. 经耳缘静脉注射乳酸时要防止乳酸从静脉漏出,以免家兔因疼痛而挣扎躁动。

【思考题】

分析膈肌肌电活动与呼吸运动的关系。

实验 24　家兔胃运动的观察

【实验目的】

学习家兔食管 - 胃插管技术,以及描记家兔胃运动曲线的方法,观察神经、体液因素及针刺对胃运动的影响。

【实验原理】

消化道平滑肌具有自动节律性收缩的特性。离体后,只要置入适宜的环境中,仍能进行节律性收缩活动,但节律缓慢而不稳定。消化道平滑肌对电刺激不敏感,而对机械牵张、温度变化和化学刺激敏感。

【实验对象】

家兔。

【实验器材与药品】

1. 实验器材　生物信号采集处理系统,刺激保护电极,呼吸换能器,压力换能器,哺乳动物手术器械 1 套,兔手术台,支架,手术灯,注射器(1ml、20ml 各 1 支),导尿管,纱布,丝线,3～6cm 针灸针等。
2. 实验药品　20％氨基甲酸乙酯,0.01％乙酰胆碱,0.01％肾上腺素,0.01％阿托品,生理盐水。

【实验方法与步骤】

1. 一般手术操作
(1) 麻醉和固定:由兔耳缘静脉注射 20％氨基甲酸乙酯 1g/kg(5ml/kg),待动物麻醉后,取仰卧位固定于兔台上。
(2) 气管插管:剪去家兔颈部毛,于颈部正中纵向切开皮肤 5～7cm,钝性分离肌肉组织,暴露气管并分离气管,在第 3～4 气管环之间切开气管,作一倒 "T" 形切口,气管插管并固定。气管插管的两个侧管各连接一个3cm长的橡皮管。将其中一个侧管尾端的塑料套管（套管内不充灌生理盐水）连到呼吸换能器上。

（3）分离两侧交感神经和迷走神经,穿线备用。

2. 将前端缚有小橡皮囊的导尿管由口腔经食管插入胃内。一般家兔插入20cm左右。将胃内插管连到压力换能器（套管内不充灌生理盐水）上。由打气球从调节侧管打入气体,使囊内压力上升到1kPa左右,夹住打气的调节侧管,即可描记胃运动曲线。

3. 系统的连接　将气管插管的压力换能器接到生物信号采集处理系统的通道1上,记录呼吸运动曲线。将胃内插管的压力换能器接到生物信号采集处理系统的通道2上,记录胃运动曲线。

4. 描记胃运动曲线

（1）打开计算机,启动生物信号采集处理系统,点击菜单"实验/实验项目",按计算机提示进入"消化道平滑肌活动"的实验项目。按表2-10进行本实验参数设置。

表2-10　实验参数设置

采样	参数		刺激	参数
显示方式	记录仪		刺激方式	串刺激
采样间隔	50ms		时程	30s
X轴压缩比	20:1		波宽	1ms
采样通道	1	2	幅度	1V
DC/AC	DC	DC	频率	30Hz
处理名称	呼吸	压力		
放大倍数	500～200	100～200		
Y轴压缩比	4:1	4:1		

（2）根据信号窗口中显示的波形,适当调节气管插管和胃内插管的位置或实验参数以获取最佳的实验效果。

（3）观察和描记胃运动曲线和呼吸运动曲线。

【实验观察项目】

1. 描记正常胃运动曲线和呼吸运动曲线作为基础对照。

2. 针刺"足三里"穴　"足三里"穴在家兔胫前结节下1cm,向外0.5cm处。针刺"足三里"穴,留针15分钟,并经常捻转。记录、观察针刺"足三里"穴对胃运动曲线和呼吸运动曲线的影响。

3. 电刺激左侧迷走神经　记录、观察电刺激左侧迷走神经对胃运动曲线和呼吸运动曲线的影响。

4. 电刺激左侧交感神经　记录、观察电刺激左侧交感神经对胃运动曲线和呼吸运动曲线的影响。

5. 注射乙酰胆碱　由耳缘静脉注射0.01%乙酰胆碱0.5ml,记录、观察注射乙酰胆碱对胃运动曲线和呼吸运动曲线的影响。

6. 注射肾上腺素 由耳缘静脉注射 0.01% 肾上腺素 0.3ml,记录、观察注射肾上腺素对胃运动曲线和呼吸运动曲线的影响。

7. 注射阿托品 先刺激迷走神经,胃运动明显增强时,从耳缘静脉注射阿托品 0.5～1.0mg,记录、观察注射阿托品对胃运动曲线和呼吸运动曲线的影响。再重复实验观察项目 3、4,记录、观察此时电刺激左侧迷走神经和左侧交感神经对胃运动曲线和呼吸运动曲线的影响。

【注意事项】

1. 动物麻醉宜浅,可用低于 20% 氨基甲酸乙酯 1g/kg 的剂量进行麻醉。
2. 胃内插管时,防止插管插入气管。
3. 每一项实验项目后,待胃运动曲线恢复正常后,再进行下一项实验项目。

【思考题】

1. 刺激迷走神经、交感神经对胃运动曲线有何影响? 机制如何?
2. 注射乙酰胆碱、阿托品和肾上腺素对胃运动曲线各有何影响? 机制如何?

实验 25 离体小肠平滑肌运动的观察

【实验目的】

学习家兔离体小肠标本制作的基本实验技术,观察化学物质、温度改变对离体小肠活动的影响。

【实验原理】

消化道平滑肌具有自动节律性特点。离体后,只要置入适宜的环境中,仍能进行节律性收缩活动,但节律缓慢而不稳定。消化道平滑肌对电刺激不敏感,而对机械牵张、温度变化和化学刺激敏感。

【实验对象】

家兔。

【实验器材与药品】

1. 实验器材 生物信号采集处理系统,张力换能器(量程为 25g 以下),恒温平滑肌槽或麦氏浴槽,哺乳动物手术器械 1 套,烧杯,温度计,乳胶管,螺旋夹,医用氧气瓶等。

2. 实验药品 台氏液,0.01% 肾上腺素,0.01% 乙酰胆碱,1mol/L NaOH,1mol/L HCl,0.1% 普萘洛尔,0.01% 阿托品。

【实验方法与步骤】

1. 麦氏浴槽或恒温平滑肌槽的准备

（1）麦氏浴槽：将麦氏浴槽（图 2-17）置于水浴装置内，水浴装置中水的温度恒定在 38～39℃之间，在麦氏浴槽内盛 38～39℃台氏液，温度计悬挂在浴槽内，用以监测温度的变化。医用氧气瓶经乳胶管缓慢向浴槽底部通 O_2，调节乳胶管上的螺旋夹，控制通 O_2 速度，使 O_2 气泡一个接一个地通过中心管。

（2）恒温平滑肌槽：在恒温平滑肌槽的中心管加入台氏液，外部容器中加装温水，开启电源加热，浴槽温度将自动稳定在 38℃左右。将浴槽通气管与医用氧气瓶相连接，调节橡皮管上的螺旋夹，使气泡一个接一个地通过中心管，为台氏液供氧。

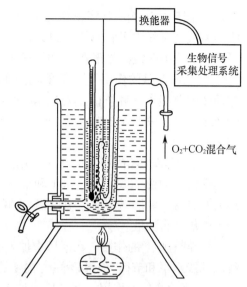

图2-17　麦氏浴槽示意图

2. 离体小肠标本制作　用木槌猛击兔头枕部，使其昏迷后，迅速剖开腹腔，以胃幽门与十二指肠交界处为起点，先将肠系膜沿肠缘剪去，再剪取 20～30cm 肠管。肠段取出后，置于 38℃左右台氏液内轻轻漂洗，在肠管外壁用手轻轻挤压以除去肠管内容物。当肠腔内容物洗净后，用 38℃左右的台氏液浸浴，当肠管出现明显活动时，将其剪成约 3cm 长的肠段。实验时，取出一段长约 3～4cm 的肠段，用线结扎其两端，迅速将小肠一端的结扎线固定于通气管的挂钩上，另一端固定于张力换能器上。适当调节换能器的高度，勿将肠段牵拉过紧或过松。

3. 系统的连接　张力换能器接到生物信号采集处理系统的通道 1 上，记录离体小肠平滑肌的收缩曲线。

4. 描记小肠运动曲线

（1）打开计算机，启动生物信号采集处理系统，点击菜单"实验/实验项目"，按计算机提示进入"消化道平滑肌活动"的实验项目。按表 2-11 进行本实验参数设置。

表2-11　实验参数设置

采样	参数
显示方式	记录仪
采样间隔	50ms
采样通道	1（DC）
处理名称	张力
放大倍数	5 000
X 轴压缩比	20∶1
Y 轴压缩比	4∶1

（2）描记小肠运动曲线，观察小肠运动的节律、频率。

【实验观察项目】

1. 描记一段离体小肠平滑肌的自动节律性收缩曲线作为基础对照。

2. 温度的影响　将浴槽中的台氏液先后更换成 25℃和 42℃台氏液,观察小肠平滑肌收缩曲线的基线水平和节律、波形、频率、幅度的变化。最后再更换成 38℃台氏液,待小肠平滑肌的收缩曲线恢复正常后,再进行以下各项实验(均在 38℃条件下进行)。

3. 乙酰胆碱的作用　用滴管向浴槽内滴 0.01% 乙酰胆碱溶液 2 滴,观察小肠平滑肌收缩曲线的基线水平和节律、波形、频率、幅度的变化。观察到明显效应后,立即从浴槽排水管放出含有乙酰胆碱的台氏液,加入 38℃新鲜台氏液,重复 2~3 次,使残留的乙酰胆碱达到无效浓度。

4. 阿托品与乙酰胆碱的作用　用滴管向浴槽内滴入 0.01% 阿托品溶液 2~4 滴,观察小肠平滑肌收缩曲线的基线水平和节律、波形、频率、幅度的变化。观察到明显效应后,再加入 0.01% 乙酰胆碱溶液 2 滴,观察小肠平滑肌的收缩曲线有无变化。待出现明显效应后,同上法更换台氏液。

5. 肾上腺素的作用　在浴槽中加入 0.01% 肾上腺素溶液 2 滴,观察小肠平滑肌收缩曲线的基线水平和节律、波形、频率、幅度的变化。待出现明显效应后,同上法更换台氏液。

6. 普萘洛尔的作用　在浴槽中加入 0.1% 普萘洛尔溶液 2 滴,观察小肠平滑肌收缩曲线的基线水平和节律、波形、频率、幅度的变化。观察到明显效应后,再加入 0.01% 肾上腺素溶液 2 滴,观察小肠平滑肌的收缩曲线有无变化。观察到明显效应后,同上法更换台氏液。

7. HCl 的作用　在浴槽中加 1mol/L HCl 溶液 2 滴。观察小肠平滑肌收缩曲线的基线水平和节律、波形、频率、幅度的变化。观察到明显效应后,同上法更换台氏液。

8. NaOH 的作用　在浴槽中加 1mol/L NaOH 溶液 2 滴,观察小肠平滑肌收缩曲线的基线水平和节律、波形、频率、幅度的变化。观察到明显效应后,同上法更换台氏液。

【注意事项】

1. 上述药量为参考剂量,效果不明显时,药量可增补。
2. 实验过程中应力求保持台氏液液面的高度固定、通 O_2 速度恒定。
3. 待小肠平滑肌收缩曲线恢复时,再进行下一项实验。

【思考题】

1. 温度、酸碱度改变对小肠平滑肌收缩曲线有何影响?
2. 阿托品、普萘洛尔、乙酰胆碱、肾上腺素对小肠平滑肌的收缩曲线有何影响?

实验 26　影响尿生成的因素

【实验目的】

学习家兔膀胱插管或输尿管插管技术,以及收集尿液的方法;观察神经和体液因素对尿液生成影响,加深对尿液生成及神经、体液调控作用的认识。

【实验原理】

肾脏通过肾小球的滤过作用,肾小管和集合管的重吸收功能,肾小管和集合管的分泌功能 3 个方面的协同作用,生成尿液。许多因素都会通过对以上 3 个环节的影响,而影响尿量、尿的成分及理化特性。而神经和体液因素,如交感神经、血管升压素、肾素 - 血管紧张素 - 醛固酮系统,在调控尿液生成,维持机体的稳态方面发挥着非常重要的作用。

【实验对象】

家兔。

【实验器材与药品】

1. 实验器材　生物信号采集处理系统,血压换能器,电子刺激器,保护电极,兔手术台,哺乳动物手术器械 1 套,动脉夹,动脉导管,支架,手术灯,三通管,记滴棒,膀胱漏斗,输尿管导管,注射器(1ml、5ml、20ml 各 1 支),烧杯,纱布,丝线,尿糖试纸。

2. 实验药品　20% 氨基甲酸乙酯溶液,0.5% 肝素,20% 葡萄糖溶液,0.01% 去甲肾上腺素溶液,速尿(呋塞米),垂体后叶素。

【实验方法与步骤】

1. 将动脉导管和血压换能器相连,以 0.5% 肝素生理盐水充灌心导管和血压换能器,去除其中的气泡,将血压换能器连接生物信号采集处理系统。

2. 按第一章"哺乳类动物实验中手术的基本操作技术"的方法,对家兔进行以下手术操作:

(1)麻醉和固定。

(2)备皮、剪毛。

(3)颈动脉分离术。

(4)分离两侧迷走神经。

(5)颈总动脉插管术:将充满肝素生理盐水的动脉导管从切口向心脏方向插入颈总动脉,直至动脉夹处。移去动脉夹,即可看到显示器上显示出波形变化,即压力波动。立即用备用线将动脉导管连同颈总动脉一起扎紧,并将动脉导管固定于邻旁的组织上,以防脱落。

3. 收集尿液方法　采用插管技术收集尿液。插管方法:按第一章"哺乳类动物实验中手术的基本操作技术"中输尿管插管法或膀胱插管法的程序进行手术操作,手术完毕后,将膀胱与脏器送回腹腔,用温生理盐水纱布覆盖在腹部创口上,以保持腹腔内温度和伤口湿润。

4. 连接实验仪器　动脉插管经血压换能器接到生物信号采集处理系统的通道 1 上,记录动脉血压曲线。记滴棒输入接到生物信号采集处理系统的通道 2 上,记录尿量。刺激电极与生物信号采集处理系统的刺激输出相连。

5. 打开计算机,启动生物信号采集处理系统,点击菜单"实验 / 实验项目",按计算机提示进入"影响尿生成的因素"的实验项目。按表 2-12 进行本实验参数设置。同步记录家兔动脉血压与尿量。

表 2-12 实验参数设置

采样		参数	刺激	参数
显示方式		记录仪	刺激方式	串刺激
采样间隔		1ms	时程	30s
X轴压缩比		20：1	波宽	1ms
采样通道	1	2	幅度	1V
DC/AC	DC	DC	频率	30Hz
处理名称	血压	记滴		
放大倍数	500～200	5～50		
Y轴压缩比	4：1	4：1		

【实验观察项目】

1. 记录家兔动脉血压曲线和尿量（滴／分钟）变化，作为基础对照。

2. 注射生理盐水 从兔耳缘静脉迅速注射37℃生理盐水 20～50ml（1分钟内注射完毕），观察、记录尿量及动脉血压曲线变化。

3. 注射去甲肾上腺素 经家兔耳缘静脉注射 0.01% 去甲肾上腺素溶液 0.3ml，观察、记录尿量及动脉血压曲线变化。

4. 注射 20% 葡萄糖溶液 首先进行尿糖检测，取 1 条尿糖试纸，用其粉红色测试区沾取 1 滴刚刚流出的新鲜尿液，观察其变化。若颜色不变，则为尿糖阴性；若颜色变暗，则为尿糖阳性。观察、记录尿量及动脉血压曲线变化。

经家兔耳缘静脉注射 20% 葡萄糖溶液 5ml，观察、记录尿量及动脉血压曲线变化。当尿量明显增多时，再次进行尿糖检测。

5. 刺激迷走神经 剪断右侧颈部迷走神经，以中等强度电流刺激其近心端，使动脉血压下降并维持在 40～50mmHg 水平 20～30 秒，观察、记录尿量及动脉血压曲线变化。

6. 注射速尿 经家兔耳缘静脉注射 1% 速尿（0.5ml/kg），5 分钟后观察、记录尿量、动脉血压曲线变化。

7. 注射垂体后叶素 经家兔耳缘静脉注射垂体后叶素 2～5U，观察、记录尿量及动脉血压曲线变化。

8. 放血 用注射器从颈动脉抽血 20ml，记录尿量、动脉血压曲线变化。停止放血后，继续观察、记录一段时间。

9. 补充恢复血量 从兔耳缘静脉迅速注射 37℃生理盐水 20ml，观察、记录尿量及动脉血压曲线变化。

【注意事项】

1. 实验前对家兔的合理喂养，是保证本实验顺利完成的关键条件。
（1）要注意保证家兔的生活环境安静，温度适宜。
（2）给家兔多喂些青菜和水，以增加其基础尿量。
2. 手术动作要轻柔，避免过度牵拉输尿管，以避免输尿管痉挛，影响尿量。

3. 实验每个项目都应在动脉血压和尿量稳定的基础水平上进行。即下一次实验应在动脉血压和尿量改变恢复到基础水平之后再进行，以避免结果不准。

4. 本实验需多次进行静脉注射，故对于静脉的保护非常重要。采取耳缘静脉注射比较简便，但也有多次操作容易损伤的缺点。除耳缘静脉注射方法外，也可采用颈静脉和股静脉插管留置或采用含芯套管针等方法。

【思考题】

本实验各项实验项目所见尿量的改变，是通过影响尿液生成的哪个环节引起的？其神经和体液机制是什么？

实验 27 反射弧的分析

【实验目的】

利用脊髓蛙分析反射弧的组成，探讨反射弧的完整性与反射活动的关系。

【实验原理】

在中枢神经系统参与下，机体对内、外环境变化做出的有规律的具有适应意义的反应称为反射；反射活动的结构基础是反射弧，包括感受器、传入神经、神经中枢、传出神经和效应器 5 部分。反射弧的任何一部分受到破坏、缺损，反射活动即将消失。

【实验对象】

蛙或蟾蜍。

【实验器材与药品】

蛙类手术器械，支架，双凹夹，金属杆，肌夹，保护刺激电极，刺激器，棉球，纱布，丝线，培养皿，烧杯，0.5% 硫酸溶液。

【实验方法与步骤】

制备脊髓蛙 取蛙一只，用粗剪刀横向伸向蛙口腔两侧口裂，剪去上方头颅，保留下颌部分，以棉球压迫创口止血。也可用探针由枕骨大孔刺入蛙颅腔捣毁脑组织，保留脊髓，以一小棉球塞入创口止血。然后用肌夹夹住下颌，也可用丝线穿过蛙的下颌，悬挂在固定于支架的金属杆上，待蛙四肢松软后，再进行实验。

【实验观察项目】

1. 观察屈肌反射 用培养皿盛 0.5% 硫酸溶液，将蛙左侧后肢的脚趾尖浸于硫酸溶液中，可见蛙左侧后肢发生屈曲，待反应发生后，立即用烧杯盛自来水洗去皮肤上的硫酸溶液，并用纱布轻轻擦干。

2. 围绕左侧后肢在趾关节上方皮肤作一环状切口，将足部皮肤剥掉，重复步骤 1，观察有无屈肌反射发生。再刺激右侧脚趾尖,观察有无屈肌反射发生。立即用烧杯盛自来水洗去皮肤上的硫酸溶液,并用纱布轻轻擦干。

3. 剪断右侧坐骨神经 在右侧大腿背面作一纵行皮肤切口,用玻璃分针在股二头肌和半膜肌之间找出并分离坐骨神经,剪断其所有分支,用两根丝线结扎坐骨神经干,在两个结扎线之间剪断坐骨神经,再用 0.5% 硫酸溶液浸泡蛙右后肢的脚趾,观察右后肢有无屈肌反射发生。

4. 以适当强度的连续脉冲刺激刺激右坐骨神经的中枢端,观察同侧及对侧后肢活动是否相同。刺激右坐骨神经的外周端,观察右后肢有何变化。

5. 以探针彻底破坏蛙的脊髓,几分钟后,再以同样的连续脉冲刺激分别刺激右坐骨神经的中枢端和外周端,观察实验变化。

6. 以适当强度的连续脉冲刺激直接刺激右侧腓肠肌,观察腓肠肌活动变化。

【注意事项】

1. 剪颅脑部位应适当,太高则脑组织部分残留,可能会出现自主活动;太低则伤及高位脊髓,可能使上肢的反射消失。

2. 破坏脊髓时应完全,以见到两下肢伸直,肌肉松软为指标。

3. 浸入硫酸中的部位应仅限于趾尖部位,每次浸入的范围,时间要相同,趾尖不能与培养皿接触。

4. 每次用硫酸刺激后,应立即用自来水洗去皮肤残存的硫酸,再用纱布擦干,以保护皮肤并防止再次接受刺激时冲淡硫酸溶液。

5. 剥离脚趾皮肤要干净,以免影响结果。

【思考题】

1. 上述实验结果,哪些反应属于反射活动,哪些反应不属于反射活动,为什么?

2. 为什么电刺激坐骨神经的中枢端,同侧和对侧后肢表现出不同的反应?

实验 28 小鼠小脑损伤的实验观察

【实验目的】

观察损伤小鼠一侧小脑后,肌紧张失调和平衡功能障碍现象。

【实验原理】

小脑是中枢神经系统中最大的运动结构。前庭小脑(绒球小结叶)维持身体的平衡;脊髓小脑(小脑前叶和后叶的中间带)调节肌紧张与协调随意运动;皮层小脑(后叶外侧部)参与随意运动的设计。小脑损伤后可发生躯体运动障碍,表现为身体平衡失调,肌张力减弱以及共济失调。

【实验对象】

小鼠。

【实验器材与药品】

哺乳类动物手术器械,鼠手术台,探针,干棉球,纱布,200ml烧杯,乙醚。

【实验方法与步骤】

1. 术前观察 手术前观察正常小鼠的运动情况。
2. 麻醉 将小鼠罩于烧杯内,然后放入一团浸透乙醚的棉球,待其呼吸变为深而慢且不再有随意运动时,将其取出。
3. 将小鼠俯卧于鼠台上,用镊子提起头部皮肤,用剪刀在两耳之间头正中横剪一小口,再沿正中线向前方剪开长约1cm,向后剪至枕部耳后缘水平,将头部固定,用手术刀背剥离颈肌,暴露顶间骨,通过透明的颅骨可看到顶间骨下方的小脑,再从顶间骨一侧,用探针垂直刺入深约3～4mm,再将探针稍作搅动,以破坏该侧小脑。探针拔出后用棉球压迫止血(图2-18)。

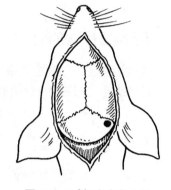

图2-18 破坏小白鼠小脑
位置示意图
图中黑点示破坏小脑刺入处

【实验观察项目】

待小鼠清醒后观察其运动情况。

1. 行走情况 可见小鼠行走摇摆,总向伤侧的方向旋转或翻滚。
2. 站立姿势 不能维持正常的站立姿势。
3. 肢体肌紧张度 表现为肌张力减退,甚至于出现肌无力的现象。

【注意事项】

1. 麻醉不可过深,以防死亡,也不要完全密闭烧杯,避免窒息死亡。
2. 捣毁小脑时既不可刺入过深,以免伤及中脑、延髓或对侧小脑,也不能过浅,小脑未被损伤,反而成为刺激作用。

【思考题】

一侧小脑损伤会导致动物躯体运动和站立姿势发生何种变化,为什么?

实验29 家兔大脑皮层运动区的功能定位

【实验目的】

通过电刺激家兔大脑皮层的不同区域,观察相关肌肉的收缩活动,了解大脑皮层运动区与肌肉运动的定位关系及其特点。

【实验原理】

动物和人的躯体运动受大脑皮层控制。大脑皮层运动区在皮层中有着精细的功能定位,刺激皮层运动区不同部位,能引起躯体特定部位的肌肉发生短促收缩。皮层运动区对肌肉运动的支配呈秩序排列,且随着动物的进化逐渐精细,在较低等的哺乳类动物如兔、鼠,其大脑皮层运动区功能定位已具有一定雏形,高等灵长类动物和人的中央前回最为明显。

【实验对象】

家兔。

【实验器材与药品】

1. 实验器材 哺乳动物手术器械,兔头固定架,颅骨钻,小咬骨钳,电刺激器,刺激电极,骨蜡或止血海绵,气管插管,纱布,脱脂棉。
2. 实验药品 20%氨基甲酸乙酯,2%普鲁卡因,生理盐水,液体石蜡。

【实验方法与步骤】

1. 麻醉 从兔耳缘静脉缓慢注射20%氨基甲酸乙酯溶液(5ml/kg)。
2. 手术 动物麻醉后,将兔仰卧固定于手术台上,剪去颈部的兔毛,切开颈部皮肤,分离皮下组织和肌肉,作气管插管。再将兔改为俯卧位,固定四肢,并把头固定在头架上,剪去头顶的毛,从眉间至枕部沿颅顶正中线切开头皮,用刀柄向两侧剥离肌肉与骨膜,暴露头顶骨缝标志。用颅骨钻在冠状缝后,矢状缝旁开0.5cm处钻开颅骨(图2-19),然后以小咬骨钳扩大创口。扩创时切勿伤及硬脑膜与矢状窦,颅骨创口出血时,可用骨蜡止血。用一注射针头将硬脑膜挑起,并用眼科剪小心剪去硬脑膜,暴露两侧大脑皮质。在暴露的脑组织表面滴加37℃左右的液体石蜡,以保护脑组织。手术完毕后放松兔的四肢与头部。

【实验观察项目】

1. 自绘一张皮层轮廓图,以备记录使用。
2. 观察电刺激大脑皮层引起骨骼肌的运动 接通电刺激器的电源,选择合适的刺激参数:波宽0.1~0.2ms,频率20~50Hz,强度10~20V。按照图2-20所示,逐点刺激一侧皮层不同区域。每次刺激持续时间5~10s,刺激完毕后休息1~2分钟。观察刺激引起的肢体和头面部运动情况,并将结果标记在皮层轮廓图上,并与图2-21进行比较。
3. 一侧完成后,在另一侧皮层上重复上述过程。

【注意事项】

1. 麻醉不宜过深,否则将影响实验效果。若麻醉过浅妨碍手术进行时,可用适量普鲁卡因作局部麻醉。
2. 颅骨扩创时应注意防止出血和保护大脑皮层。
3. 为防止刺激电极对大脑皮层的机械损伤,可将银丝电极的尖端烧成球形。
4. 刺激点由前向后,由内向外依次刺激,每隔0.5mm为一刺激点,每次刺激强度以出现反应为度,刺激时间要足够。

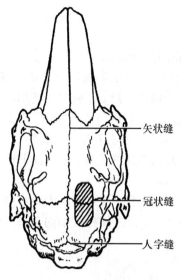

矢状缝

冠状缝

人字缝

图2-19 兔颅骨标志示意图

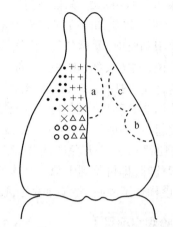

图2-20 兔大脑皮层刺激效应区示意图

a: 中央后区; b: 脑岛区; c: 下颌运动区
△: 前肢; ○: 头、下颌; ×: 前肢和后肢;
+: 颜面肌; •: 下颌

【思考题】

1. 大脑皮层运动区有哪些功能特征?
2. 刺激大脑皮层引起躯体运动的神经通路是什么?

实验 30　去大脑僵直

【实验目的】

通过在上、下丘之间离断动物的脑干,观察去大脑僵直现象,加深理解中枢神经系统相关部位对肌紧张的调节作用。

【实验原理】

中枢神经系统对伸肌的紧张性具有易化与抑制的调节作用。通过这种调节,使骨骼肌保持适当的肌紧张,以维持机体的正常姿势。若在中脑上、下丘之间离断脑干,则切断了大脑皮层运动区和纹状体等神经结构与脑干网状结构的功能联系,使抑制肌紧张的作用减弱,而易化肌紧张的作用相对加强。动物将出现四肢伸直、头尾昂起、背脊挺直的角弓反张现象,称为去大脑僵直。

【实验对象】

家兔。

【实验器材与药品】

1. 实验器材　哺乳动物手术器械,颅骨钻,小咬骨钳,骨蜡或止血海绵,气管插管,纱布,脱脂棉。
2. 实验药品　20% 氨基甲酸乙酯,2% 普鲁卡因,生理盐水,液体石蜡。

【实验方法与步骤】

1. 麻醉 从兔耳缘静脉缓慢注射 20% 氨基甲酸乙酯溶液（5ml/kg）。

2. 手术 将兔仰卧位固定于手术台上，剪去颈部的兔毛，沿正中线切开颈部皮肤，分离皮下组织和肌肉，暴露气管，作气管插管；然后找出两侧颈总动脉，分别穿线备用。将兔改为俯卧位，固定头部，剪去头顶部的毛，从两眉间至枕部沿矢状缝将头皮切开，用刀柄向两侧剥离骨膜与肌肉，扩大颅骨暴露面。在顶骨两侧旁开矢状缝左右 0.5cm 处各钻一孔，用小咬骨钳沿骨孔朝后将创口扩大至枕骨结节，暴露双侧大脑半球的后缘，用一注射针头将硬脑膜挑起，小心剪开，暴露出大脑皮层。结扎两侧颈总动脉。

3. 横断脑干 松开兔的四肢，左手将动物的头托起，右手用手术刀柄从大脑半球后缘轻轻翻起枕叶，即可见到中脑四叠体的上、下丘部分。在上、下丘之间将刀柄向裂口方向呈 45° 的角度横切至颅底，将脑干完全离断（图 2-21）。

【实验观察项目】

1. 将兔侧卧位放置于地上，几分钟后可见兔的四肢逐渐变硬伸直，头部昂起，尾部上翘，呈角弓反张状态，即为去大脑僵直现象（图 2-22）。

2. 待出现明显的僵直现象后，在下丘稍后再次切断脑干，观察肌紧张变化。

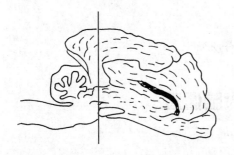
图2-21 在上、下丘之间切断脑干示意图

图2-22 兔的去大脑僵直现象示意图

【注意事项】

1. 动物麻醉宜浅，麻醉过深将影响去大脑僵直的出现，手术中动物因麻醉过浅而挣扎时，可用适量普鲁卡因作局部麻醉。

2. 开颅在接近骨中线和枕骨时，应避免伤及矢状窦而致大出血。可先暂时保留该处颅骨，小心将矢状窦与头骨内壁剥离后，再轻轻去除保留的颅骨，并用缝合针在矢状窦的前后各穿一线结扎。

3. 切断脑干部位要准确，过低将伤及延髓，导致呼吸停止；过高则不易出现去大脑僵直现象。

4. 脑干横断几分钟后，未见明显的僵直现象，可用牵拉四肢（肢体伸肌传入）、扭动颈部（颈肌传入）、动物仰卧（前庭传入）等方法，使僵直易于出现。

【思考题】

将去大脑动物的背根切断，会出现什么结果？为什么？

实验 31 大鼠肾上腺摘除后效应的观察

【实验目的】

观察大鼠肾上腺摘除的效应,加深对肾上腺功能的认识。

【实验原理】

肾上腺包括肾上腺皮质和肾上腺髓质两部分。肾上腺皮质分泌类固醇激素(盐皮质激素、糖皮质激素和性激素),这些激素作用广泛,在维持人体基本的生命活动方面起着非常重要的作用。当机体受到各种有害刺激(如创伤、手术、疼痛、饥饿、寒冷等)时,由于糖皮质激素的作用,产生一系列的适应性和耐受性的反应,即应激反应。此外,交感-肾上腺髓质系统也参与应激反应。因此,摘除动物肾上腺后将会导致肾上腺功能不全,甚至危及生命。

【实验对象】

大鼠。

【实验器材与药品】

1. 实验器材　哺乳动物手术器械1套,玻璃罩或烧杯,鼠板,水槽,棉球,纱布等。
2. 实验药品　乙醚,生理盐水,75%乙醇溶液,泼尼松。

【实验方法与步骤】

1. 动物分组　选择120g左右的健康雄性大鼠20~25只,称重、编号,分为4组。

(1)第1组为肾上腺摘除+清水组:本组大鼠单纯切除肾上腺。

(2)第2组为肾上腺摘除+生理盐水组:本组大鼠切除肾上腺后,给予大鼠饮用生理盐水。

(3)第3组为肾上腺摘除+泼尼松组:本组大鼠切除肾上腺后,给予泼尼松,每天灌服2次,每次50μg。

(4)第4组为对照组(假手术组):与上3组相同进行手术切开,腹腔探察肾上腺,但不切除肾上腺,以作为对照。

2. 肾上腺摘除术　手术准备:首先将大鼠放入玻璃罩内,然后将浸有乙醚的棉球放入玻璃罩内,使其麻醉。麻醉后,将大鼠俯位固定在鼠板上。背部剪毛备皮,用75%乙醇溶液消毒手术部位的皮肤和术者双手。与此同时,将手术器械置于搪瓷盘内用75%乙醇溶液浸泡消毒10分钟,备用。

手术过程:先在背部正中线作一长约3cm皮肤切口,前端起自第10胸椎水平。继而分离肌层,在左肋弓下缘中线旁开1cm处,作一长约1.5cm的斜向切口,撑开切口暴露视野,用盐水纱布推开腹腔内的脏器和组织,便可在肾的上方找到淡黄色的肾上腺,其周围被肾脂肪囊包裹。用小镊子紧紧夹住肾与肾上腺之间的血管和组织,再用眼科剪将肾上腺摘除。断端血管要夹住,待血止住方可松开镊子。

采用上述相同的方法摘除右侧肾上腺,右侧肾上腺位置略高于左侧肾上腺,而且靠近腹主动脉和下腔静脉,手术要小心,避免伤及大血管。

肾上腺摘除完毕,依次用细丝线缝合肌层和皮肤的切口。最后用75%的乙醇消毒皮肤的缝合口。

3. 手术后各组大鼠应在同样的条件下喂养
（1）室温应保持在 20~25℃之间。
（2）喂以高蛋白、高能量的饲料。
（3）饮水供应充分。
（4）单笼喂养。

【实验观察项目】

1. 肾上腺摘除对大鼠存活率的影响
（1）手术前观察并记录各组大鼠的体重、进食、活动及肌肉紧张度。
（2）手术后连续 1 周观察并记录各组大鼠的体重、进食、活动及肌肉紧张度。
（3）手术后连续 1 周观察并记录各组大鼠的死亡率。
2. 肾上腺摘除对大鼠应激功能的影响
（1）饥饿刺激：禁食前观察并记录各组大鼠的体重、进食、活动及肌肉紧张度。各组大鼠一律停止喂食，并全部引用清水，第 2 组不再饮用盐水，第 3 组不再给予泼尼松。
在 4 组中，每组各抽取 2 只进行观察，比较在禁食 2 天后，在姿态、活动和肌肉紧张度等方面有何改变？
（2）寒冷刺激：将各组剩余大鼠，分批投入水槽中（内盛 4℃冷水），记录每只大鼠游泳的时间，直至溺水下沉为止。比较各组大鼠游泳能力的差别。大鼠溺水下沉后，要立即捞出，记录并比较其恢复时间和恢复状况。

【注意事项】

1. 实验大鼠应按序编号，以避免混淆。
2. 观察结果应分组制成表格，以便进行结果处理和统计分析。

【思考题】

1. 肾上腺摘除后各组大鼠存活率有何不同？其机制是什么？
2. 肾上腺摘除后大鼠对饥饿和寒冷刺激的反应和耐受能力与未摘除肾上腺的大鼠有何不同？为什么？

实验 32　中药灌胃及针刺穴位对 LPS 所致发热家兔的影响

【实验目的】

学习家兔体温的测量以及灌胃方法，观察麻杏石甘汤（白虎汤、黄连解毒汤）、针刺穴位（大椎穴）和阿司匹林对发热家兔的影响。

【实验原理】

恒温动物的体温恒定主要依靠下丘脑体温调节中枢对产热及散热过程的调节来实现。在某些病理情况下，机体会出现调节性体温升高称为发热。引起人体或动物发热的物质统称致热源。可分为外源性的致热源和内源性的致热源。大肠杆菌内毒素脂多糖（LPS）属于外源性的致热源,可导致机体产生内生致热源白介素1,通过释放前列腺素作用于体温调节中枢,使体温调定点上移,导致产热增加,散热增加,体温升高。阿司匹林具有解热、镇痛、抗炎的作用,属于非甾体抗炎药,可通过抑制前列腺素的生成来解热降温。中药和针刺穴位也具有类似的作用。

【实验对象】

家兔。

【实验器材与药品】

1. 实验器材 温度计,兔台,灌胃管,20ml注射器,头皮针,1寸针灸针。
2. 实验药品 10%阿司匹林溶液,2μg/ml LPS,中药水煎液,生理盐水,液体石蜡。

【实验方法与步骤】

1. 取家兔5只称重并随机编号为1~5号。1号是空白组,2号是模型组,3号是阿司匹林组,4号是中药组,5号是针灸组。
2. 家兔的体温测量 固定家兔,将测温探头末端涂少许液体石蜡,轻轻插入肛门5cm,等温度数值显示稳定后,记录家兔的体温。测量完毕,应轻柔地拔出测温探头。
3. 测量并记录家兔基础体温 每间隔5分钟测量1次,重复测量3次,取平均值作为其基础体温。
4. 1号家兔耳缘静脉注射1ml/kg的生理盐水。2~5号家兔耳缘静脉注射LPS 1ml/kg。
5. 等给予LPS的家兔体温升高超过0.5℃后(约20分钟),3号家兔耳缘静脉注射10%阿司匹林溶液1ml/kg。4号家兔在开口器的帮助下,插入灌胃管约20cm,确保灌胃管在胃中,用注射器灌胃给予临床等效的中药溶液5ml/kg。5号家兔针刺大椎穴(第7颈椎与第1胸椎之间),10分钟捻转1次,留针30分钟。
6. 给予LPS之后,在第5、10、15、30、45、60、90分钟进行体温检测,记录体温并画出随时间变化的体温曲线,比较结果。

【注意事项】

1. 正常家兔的体温在38~39.5℃之间,体温偏高的家兔对LPS的反应不敏感。
2. 实验室室温要保持稳定,尽量保持家兔安静,避免家兔过度活动引发体温的升高,影响实验结果。
3. 使用致热源时要注意个人防护。
4. 插入和拔出测温探头时,手法轻柔,避免损伤家兔直肠黏膜。

【思考题】

不同药物以及针刺大椎穴退热的机制是什么?

实验33 四君子汤对脾虚小鼠消化功能的影响

【实验目的】

学习苦寒泻下法制作脾虚小鼠模型的方法,观察四君子汤对脾虚泄泻小鼠的作用。

【实验原理】

大黄具有苦寒泻下的作用,长期服用可导致动物腹泻并伴有其他消化系统功能的损伤。测定淀粉酶活性可反映肠黏膜消化的功能,测定血清 D- 木糖排泄率可检测肠黏膜的吸收功能,利用酚红的颜色可观察胃的排空和小肠推进的比例。四君子汤由党参、茯苓、白术和甘草组成,具有健脾益气的功效,临床上常用来治疗脾虚所致的便溏和疲劳。

【实验对象】

昆明小鼠,体重 $18 \pm 2g$。

【实验器材与药品】

1. 实验器材:灌胃针,止血钳,眼科剪,弯剪,小鼠固定板。
2. 实验药品:100% 大黄制剂,D- 木糖试剂盒,酚红糊剂,淀粉酶试剂盒,四君子汤煎液。

【实验方法与步骤】

1. 100% 大黄制剂的制备　大黄用水浸泡 1 小时后,煮沸 40 分钟,用纱布过滤。再加入冷水煮沸 20 分钟,过滤后,合并两次滤液,于 60℃水浴浓缩成 100%(1g 生药 /ml)煎液,4℃保存。
2. 酚红糊剂　按 0.02% 酚红溶液 15ml 加 1g 淀粉的比例加热调成糊剂即可。
3. 动物分组　24 只小鼠随机称重、标号,分为 3 组。每组 8 只,分别为正常组、脾虚模型组和四君子汤组。
4. 给药　空白组小鼠每日灌胃等剂量的蒸馏水,模型组和四君子汤组小鼠每日灌胃大黄水煎液 1ml,并每天记录各组小鼠的体重,活动情况以及毛发变化。脾虚证可出现体重减轻、倦怠、便溏、毛发枯槁、少动等变化。第 8 天开始,空白组和模型组小鼠灌胃与中药等剂量的蒸馏水,四君子汤组小鼠灌胃与临床等效的中药溶液,连续 7 天,观察小鼠体重、活动情况以及被毛变化。
5. 取材　于第 7 天灌胃后 10 分钟后,每只小鼠灌胃酚红糊剂 0.5ml。30 分钟后,将小鼠脱臼处死。取血清和尿液,采用比色法分别测定淀粉酶活性和 D- 木糖含量。
6. 测定胃排空及小肠推进率　结扎小鼠贲门、幽门,取胃,用滤纸擦干后称全重。然后沿胃大弯剪开胃体,洗去胃内容物后擦干,称净重。以胃全重和胃净重之差为胃内残留物重量,残留物占所灌酚红重量的百分比即为胃的残留率,进而算出胃排空百分率。同时迅速取出小肠,轻轻剥离后直铺于白纸上,测量幽门至回盲肠部全长及幽门至红色半固体糊前沿的距离。以幽门至红色半固体糊前沿的距离占幽门至回盲部全长的百分率为小肠推进率。
7. 统计学处理　统计各组之间的差异。

【注意事项】

1. 脾虚症状的出现是一个渐进的过程,因此要仔细记录动物的表现。
2. 测量小肠长度时,量尺松紧要保持一致,以免出现较大误差。

【思考题】

1. 大黄导致脾虚的机制是什么?
2. 四君子汤改善脾虚症状的机制是什么?